무질서와 질서 사이에서

IN UN VOLO DI STORNI

by Giorgio Parisi

Korean translation edition is published by arrangement with Rizzoli, an imprint of Mondadori Libri S.p.A.

무질서와 질서 사이에서

한 복잡계 물리학자의 이야기

조르조 파리시

김현주 옮김

김범준 감수

IN UN VOLO DI STORNI

사이언스북스
SCIENCE BOOKS

항상 곁에 있어 주는 아내

다니엘라 암브로시노(Daniella Ambrosino)에게

이 책을 바칩니다.

차례

1장
찌르레기의 비행

상호 작용은, 심리, 사회, 경제 현상을 이해하려는 시도에서 중요한 문제다. 특히 우리는 새 떼의 구성원들이 서로 어떻게 의사 소통하고, 어떻게 움직여 일관된 패턴을 만들고, 어떻게 하나의 집단이면서도 다중적인 특성을 가진 실체를 이루는지에 중점을 둘 것이다.

새 떼나 물고기 떼, 혹은 포유류 무리와 같은 동물의 집단 행동을 관찰하는 일은 매력적이다.

해 질 녘 어두워지는 하늘을 보면 수천 개의 검은 점이 춤을 추며 환상적인 모습을 연출하는 장관을 볼 수 있다. 마치 지휘자가 내리는 지시를 모든 연주자가 한 몸처럼 따르는 오케스트라를 보는 듯한 느낌을 받게 된다. 그 점들은 서로 부딪히지 않고 흩어지지도 않으며, 장애물을 피하려 잠시 서로 간격을 두었다가 다시 뭉치면서 공간 배치를 계속해서 재구성한다. 예상치 못한 다양한 형태로 계속 변하는 공연을 보고 있노라면 시간이 한

없이 지나가 버리기 일쑤다. 때로는 이 순수한 아름다움 앞에서 과학자로서의 직업병이 고개를 들어 수많은 질문이 머릿속을 맴돈다. 저들 중 누군가가 오케스트라 지휘자 같은 역할을 맡는 것일까? 저런 집단 행동이 어떻게 저절로 조직되는 것일까? 어떻게 모든 무리에게 순식간에 정보가 전달되는 것일까? 어떻게 대형이 저렇게 빨리 바뀔 수 있는 것일까? 새들의 속도와 가속도는 어떻게 할당될까? 어떻게 서로 충돌하지 않으면서 다 같이 회전하는 것일까? 각 찌르레기들 사이의 간단한 상호 작용 규칙만 가지고 지금 로마의 하늘에서 보는 것 같은 복잡다단한 집단적 움직임을 만들어 내는 것은 과연 무엇일까?

우리는 호기심이 생기고 궁금증이 떠오르면 답을 찾기 시작한다. 예전에는 책을 뒤졌고, 요즘은 인터넷에 검색하는 식이다. 운이 좋으면 답을 찾겠지만, 아는 사람이 아무도 없어 답을 못 찾아낼지도 모른다. 그래도 정말 궁금하면 이제는 그 답을 찾을 사람이 우리밖에 없지 않을까 하는 생각이 들기 시작할 것이다. 지금껏 아무도 답을 찾지 못했다는 사실이 두려움을 주지는 않는다. 결국 이전에 아무도 하지 않은 과업을 상상하거나 해결하려 직접 뛰어드는 것이 우리 일이 될 테니까. 그렇다고 열쇠 없이 잠긴 문을 여느라 평생을 보낼 수는 없다. 문제를 풀기 전에 먼저 우리를 끝까지 도달하게 해 줄 역량과 기술, 도구가 있는지부터 파악해야 한다. 성공을 보장해 줄 사람이 아무도 없으니 걱정일랑 장애물 너머로 던져 버려야만 한다. 하지만 그 장애물이 너무 높아서 좌절스럽다면, 차라리 문제를 놓아 주는 편이 낫다.

복잡한 집단 행동

유럽찌르레기(*Sturnus vulgaris*)의 비행은 나를 비롯해 수많은 현대 물리학자들이 수행하는 연구와 관련이 있으며, 그런 이유로 내게 특히 더 매력적으로 다가왔다. 다수의 행위자(agent)가 상호 작용하는 계(system)의 특성을 파악하는 것이 우리 연구인데, 물리학에서는 때에 따라 이 행위자들이 전자(electron)가 될 수도 있고, 아니면 원자(atom)나 스핀(spin)이나 분자(molecule)가 될 수도 있다. 이들의 행동 규칙은 아주 단순하지만, 무리가 모두 모이면 훨씬 더 복잡한 집단 행동을 보인다. 통계 물리학 분야에서는 19세기부터 이런 문제의 답을 찾기 시작했다. 액체가 특정 온도에서 끓거나 어는 이유는 무엇인가? 왜 특정 물질(예를 들면 금속)은 전류가 흐르거나 열을 전달하는 도체이고, 또 다른 물체는 부도체인가? 답이 오래전에 밝혀진 문제들도 있지만, 여전히 연구 중인 문제들도 많다.

이 모든 물리학 문제를 통해 우리는 행위자 사이에 나타나는 단순한 상호 작용에서 집단적 거동(擧動)이라고 할 만한 게 어떻게 나타나는지를 정량적인 방식으로 파악할 수 있다. 우리 도전 과제는 통계 역학의 적용 가능성을 무생물에서 찌르레기 같은 동물로 확대해 기술(記術)해 내는 것이었다. 그 결과는 동물 행동학과 진화 생물학에서 흥미로운 성과를 거두는 데서 그치지 않고, 장기적으로는 경제 및 사회 현상에 대한 인문학적 이해까지 높여 주었다. 이 경우에도 서로 영향을 끼치는 다수의 개별 행위자인 개인이 존재하며, 개인의 행위와 집단의 행동 간에 존재하는 관계를 알아야 한다.

미국의 유명한 물리학자이자 1977년 노벨상 수상자인 필립 워런 앤더슨(Philip Warren Anderson)은 1972년 이 아이디어와 관해 「많아지면 달라진다(More Is Different)」라는 제목으로 논문 한 편을 발표했다. 어떤 계의 구성 요소 수가 증가하면 양적인 면뿐만 아니라 질적인 면에서도 변화가 일어나는 현상을 물리학적으로 정의하는 도발적 내용의 논문이었다. 이 문제는 현대 물리학이 마주해야 하는 근본적인 문제였고, 그 핵심 개념은 미시적 규칙과 거시적 행동 사이의 관계를 파악하는 것이었다.

찌르레기의 날개

무엇인가를 설명하려면 먼저 그것에 대해 알아야 한다. 앞서 이야기한 찌르레기의 사례에는 중요한 정보가 빠져 있는데, 그것은 공간 속에서 찌르레기가 어떻게 움직이는가 하는 것이다. 그러나 당시에는 이에 관한 정보를 얻을 수가 없었다. 사실 사용 가능한 찌르레기 영상과 사진은 상당히 많았지만(인터넷에서도 쉽게 구할 수 있다.) 모두 특정 시점(視點)에서만 촬영해 3차원 정보가 결여되어 있었다. 마치 동굴 벽에 비친 사물의 2차원 그림자만 보고 3차원적인 성질은 파악하지 못하는 플라톤의 동굴 우화 속 죄수가 된 기분이었다.

사실 이러한 어려움이 존재한다는 사실이 내가 이 주제에 관심을 갖게 된 또 다른 이유였다. 찌르레기의 움직임 연구는 실험 설계, 데이터 수집 및 분석, 시뮬레이션을 위한 컴퓨터 모델링 개발, 결론에 도달하기 위한 실험 결과 해석 등이 모두 포함된 그 자체로 완전한 프로젝트였다.

오래전부터 내가 연구해 온 분야였던 통계 물리학이 찌르레기들의 비행 궤적을 3차원으로 재구성하는 데 꼭 필요하다는 사실은 알고 있었지만, 나를 정말로 매료시킨 부분은 실험의 설계와 구현에 가담하는 것이었다. 이론 물리학자들은 보통 실험실과는 거리가 멀고 추상적 개념으로 연구한다. 실제로 문제를 해결하려면 수많은 변수를 통제해야 하는데, 이 경우에는 카메라 렌즈의 초점 거리나 해상도부터 카메라 설치 위치, 데이터 저장 용량, 분석 기법 같은 게 변수였다. 세부 사항 하나하나가 실험의 성패를 결정했기 때문에 '책상'에서 추론만 했다가는 '현장'에서 마주치게 되는 문제가 얼마나 많을지 그야말로 짐작도 할 수 없었다. 실험실에서 너무 멀리 떨어져 있다는 것은 나에게 결코 좋은 소식이 아니었다.

찌르레기들은 상당히 흥미로운 동물이다. 수백 년 전까지만 해도 따뜻한 계절에 북유럽에 몇 개월 살다가 겨울은 북아프리카에서 보냈다. 이제 지구 온난화로 겨울철 기온이 상승했을 뿐만 아니라 도시의 규모가 커지고 가정용 난방이나 자동차 같은 열원이 많아진 탓에 도시들도 전보다 훨씬 따뜻해지자 찌르레기들은 지중해를 건너는 대신 예전보다 겨울이 온화해진 로마를 포함해 이탈리아의 여러 해안 도시에서 겨울을 나는 경우가 많아졌다.

찌르레기들은 겨울을 날 장소에 11월 초에 도착한다. 그리고 이듬해 3월 초에 떠난다. 이러한 이주 시기는 아주 정확하게 지켜지는데, 이주 시기에 영향을 주는 사안은 기온보다는 하루 중

햇빛이 비치는 일조 시간과 같은 천문학적 요소일 가능성이 크다. 이들은 로마에서는 바람을 막아 주는 상록수에서 밤을 보내고, 먹이를 구하기 힘든 도심에서는 100마리 정도씩 소규모로 무리 지어 순환 도로 밖의 시골 마을로 요기를 하러 간다. 찌르레기는 무리 생활에 익숙한 사회성 동물이다. 들판에 자리를 잡으면 무리의 절반은 편안하게 식사하고, 나머지 반은 어디서 나타날지 모를 포식자를 살피며 주위를 둘러본다. 다음 들판에 도착하면 역할이 바뀐다. 저녁에는 따뜻한 도시로 돌아와 엄청난 군집을 형성해 도심 하늘을 돌다가 나무 위에 안착한다. 그렇다고 해도 찌르레기는 여전히 겨울 추위에 약한 동물이다. 얼음장 같은 강한 북풍이 부는 밤이 지나면 은신처가 되기에는 부족했던 나무 밑에 뻣뻣하게 굳은 채 죽어 있는 찌르레기들을 쉽게 볼 수 있다.

따라서 찌르레기에게는 올바른 잠자리 선택이 생사를 좌우하는 문제가 된다. 멀리서도 잘 보이는 저녁 시간의 공중 군무는 밤을 보낼 적당한 잠자리가 있다는 그들만의 신호일 가능성이 매우 크다. 찌르레기들의 춤은 거대한 신호기(信號旗)를 흔드는 것처럼 현란하기 그지없는데, 맑은 겨울날 황혼 무렵 10여 킬로미터 정도 떨어진 곳에서도 찌르레기들의 춤이 변해 가는 모습을 맨눈으로 볼 수 있을 정도다. (저자는 찌르레기 무리의 모양 변화를 'evolution'으로 표현했다. 그런데 evolution은 우리말로 생물학에서는 '진화'로, 물리학에서는 '시간에 따른 변화'로 주로 번역한다. 두 우리말 용어는 뉘앙스가 미묘하게 다르다. 따라서 이 책에서는 맥락에 따라 다르게 옮겼다. — 옮긴이) 처음에 찌르레기들은 지평선 바로 위 아직 하얀 띠가 펼쳐져 있는 하늘을 배경으로 거의 아메바처럼 이동하는 회색 점으로 보인다. 시골 쪽에 처음 도착한 작은 무리는 날이 어두워지면 점점 더 열광적으로 춤을 추기 시작한다. 뒤이어 후발대가 천천히 도착하고 마지막에는 수천 마리가 무리를 형성한다. 해가 지고 30분쯤 후 빛이 완전히 사라지자 갑자기 잠자리로 정해진 나무를 향해 날아가고 싱크홀에 빠진 것처럼 거의 빨려 들어가다시피 사라진다.

간혹 찌르레기들 근처에 매(*Falco peregrinus*)가 나타나 저녁거리를 찾기도 한다. 눈치 채지 못하면 모르고 넘어갈 수도 있는데, 찌르레기만 집중해서 보는 사람들에게 매는 일부러 보려고 하지 않는 한 잘 보이지 않는다. 매는 날개를 펼친 길이가 1미터나 되고 시속 200킬로미터 이상의 속도로 날 수 있는 맹금류이지만, 찌르레기가 쉬운 먹잇감은 아니다. 실제로 비행 중 찌르레기와 충돌하면 약한 날개가 부러지면서 치명적인 사고로 이어질 수도 있다. 그래서 매는 감히 찌르레기 무리 속으로 들어가지 않고 가장자리에서 가끔 낙오되는 개체를 노린다. 찌르레기들은 매가 공격해 오면 서로 가까이 붙어 대열을 좁히고, 치명적인 발톱에 걸리지 않도록 빠르게 방향 전환을 한다. 찌르레기 무리 형태의 화려한 변화 중 일부는 먹이를 잡기 전에 많은 기습을 해야 하는 매의 반복되는 공격을 피하려는 시도에서 비롯되었고, 찌르레기의 여러 행동이 이런 무시무시한 공격에서 살아남기 위한 것으로 추정된다.

실험

연구 프로젝트 이야기로 다시 돌아오자. 첫 번째 난관은 찌르레기 무리와 그 형태의 3차원 이미지를 구하고, 여러 장의 사진을 연속으로 조합해 3차원 입체 영상으로 재구성하는 것이었다. 3차원으로 보는 일은 두 눈만 있으면 된다는 사실은 누구나 알고 있으니, 이론적으로 이 문제는 쉽고 간단하게 해결될 것 같았다. 우리 두 눈처럼 서로 다른 두 시점에서 무언가를 동시에 보면 아무리 가까이 있다고 해도 뇌는 물체의 거리를 '계산'해서 3차원 이미지를 구성한다. 반면에 한쪽 눈으로만 보면 이미지의 깊이 개념이 상실되는데, 한쪽 눈을 가리고 한 손으로 앞에 있는 물체를 잡으려 해 보면 쉽게 알 수 있다. 손이 물체가 실제로 위치한 곳보다 더 멀리서, 혹은 더 가까이서 잡으려 한다. 마찬가지로 한쪽 눈을 가린 상태로 테니스나 탁구를 하면 절대 이길 수 없을 것이다. 그런데 뇌의 이 시각 정보 처리 체계는 오른쪽 카메라가 포착한 새와 왼쪽 카메라가 포착한 새를 우리가 동일하다고 식별할 수 있을 때만 제대로 작동한다. 한 사진에 새가 수천 마리 있으면 이 작업은 악몽이 될 수 있다.

우리 능력으로는 감당이 안 되는 일이었다. 과학 문헌으로 확인한 연구 중에는 최대 20마리 정도의 동물이 담긴 사진에서 동물들을 일일이 수동으로 식별해 3차원으로 재구성한 작업이 있었다. 우리는 각각 수천 마리의 새가 찍혀 있는 수천 장의 사진을 가지고 3차원 이미지를 재구성하려 했다. 이 정도면 확실히 사람 손으로는 불가능했다. 컴퓨터가 식별하도록 해야 했다.

제대로 준비도 안 된 상태에서 어중간한 방식으로 그저 문제에 부딪히기만 한다면 재앙을 피할 길이 없다. 우리는 나, 스승님인 니콜라 카비보(Nicola Cabibbo), 그리고 내 제자 중 가장 뛰어난 안드레아 카반냐(Andrea Cavagna)와 이레네 자르디나(Irene Giardina)로 구성된 물리학자 팀뿐만 아니라 조류학자 팀(엔리코 알레바(Enrico Alleva), 클라우디오 카레레(Claudio Carere))도 끌어들여 연구단을 만들었다. 2004년에는 이제는 고인이 된 경제학자 마르첼로 데 체코(Marcello De Cecco), 몇몇 유럽 연구진과 함께 유럽 연합(EU)에 자금 지원 신청서를 제출했다. 이 신청이 승인돼 연구를 시작하고 학부생과 박사 과정 학생까지 고용하며 장비도 구입할 수 있었다.

우리는 마시모 궁전(Palazzo Massimo) 지붕 위에 카메라를 설치했다. 로마 국립 박물관(Museo Nazionale Romano)이 자리 잡은 아름다운 이 건물은 로마의 테르미니 역 광장을 마주보고 있다. 그 무렵(처음 자료가 수집된 시기는 2005년 12월부터 2006년 2월까지였다.) 찌르레기가 많이 모이는 잠자리 장소 중 하나였다는 점이 그곳을 선택한 이유였다. 당시 일반 비디오카메라는 해상도가 너무 낮아, 우리는 비디오카메라는 아니지만 화질이 높은 전문가용 카메라를 사용했다. 카메라 2대를 25미터 간격으로 설치함으로써 우리는 수백 미터 떨어져 있는 찌르레기 2마리의 상대 위치를 약 10센티미터 정도의 공간 정밀도로 정의할 수 있었다. 이 정도라면 서로 1미터 거리를 두고 비행하는 찌르레기들을 구분하기에 충분했다. 우리는 두 카메라와 몇 미터 떨어지지 않은 위치에 세 번째 카메라를 추가해, 두 찌르레기가 두 메인 카메라 중 하나에서만 잡힐 때 보조하는 역할을 맡도록 했다. 이 세 번째 카메라는 재구성에 난관이 생길 때마다 큰 도움이 되었다.

카메라 3대가 동시에 1밀리초의 정밀도로 초당 5회 사진 촬영을 했다. (이 정도의 정밀도로 조작하려면 간단한 전자 장치를 설치해야 했다.) 실제로는 각 지점에 카메라를 2대씩 설치해 놓고 번갈아 가며 촬영했기 때문에 사실상 1초에 10장씩 촬영한 셈이었다. 결국 우리 시스템은 1초에 25~30장을 촬영하는 일반 비디오카메라보다 크게 부족한 부분이 없었다. 사진 카메라를 사용하기는 했지만, 실제로는 짧은 동영상을 얻을 수 있었다.

카메라 배치(낚싯줄을 이용해 고정했다.), 초점 조정과 보정, 메가바이트급 대용량 정보의 신속한 저장 같은 모든 기술적 문제는 생략하도록 하겠다. 결국 우리는 해냈고, 여기에는 내가 기꺼이 연구 운영의 책임을 맡겼던 안드레아 카반냐의 집요함도 한몫했다. 할 일이 쌓여 있어 산만하기도 했던 나와 달리 그는 매우 뛰어난 운영자였다.

영상은 3차원으로 제작되어야 했다. 이것 자체도 기술적 측면에서 상당히 까다로운 작업이었고, 그다음에는 3차원 위치도 재구성해야 했다. 극장용 3차원 영상이라면 이 작업은 간단하게 끝났을 것이다. 카메라 1대로 촬영된 것을 두 눈으로 봐도, 수백만 년 동안의 진화로 선택된 우리 뇌는 보이는 물체들의 공간 속 위치를 알아내 3차원 시각에 도달할 수 있으니까. 우리는 컴퓨터 알고리듬을 이용해 이와 비슷한 작업을 해야 했는데, 이것이 우리의 두 번째 도전 과제였다. 우리는 통계 분석부터 확률, 정교한 수학적 알고리듬의 레퍼토리를 전체적으로 심화해 나갔다. 수개월 동안 성공하지 못할까 봐 두려웠고, 때로는 너무 어려운 문제에 부딪혀 별수 없이 뒤로 돌아가 다시 시작해야 했다. (해 보기 전에는 알 수 없는 문제들이었다.) 다행히 고된 작업 후에 필요한 수학적 도구를 개발해 난제들을 하나씩 해결하기 위한 전략을 찾아냈고, 고화질의 사진을 처음 얻은 지 1년여 만에 3차원으로 재구성된 최초의 이미지를 얻을 수 있었다.

비행 연구

찌르레기의 행동에 관한 연구는 분명 생물학자의 영역이지만, 개체의 3차원 움직임을 정량적으로 연구하는 것은 물리학자들만 할 수 있는 분석을 필요로 한다. 공간과 시간 속에서 표본의 궤적을 재구성하기 위해 수백 장의 사진에서 수천 마리의 새를 동시에 분석하는 것은 물리학자들의 전형적인 작업이다. 이러한 분석에 적합한 기술은 우리가 통계 물리학 문제를 풀거나 대량의 실험 자료를 분석하기 위해 개발한 기술과 공통점이 많다.

거의 2년간의 작업을 끝내고 나자 우리는 세계에서 유일한, 찌르레기 무리의 3차원 이미지를 보유한 단체가 되었다. 그 이미지들을 관찰하는 것만으로도 많은 것을 배웠다. 지상에서 맨눈으로 찌르레기 무리를 바라보았을 때 가장 인상적인 특징 중 하나는 무리의 형태가 매우 빨리 변화한다는 사실이다. 그것은 실제로 본 적이 없는 사람은 설명하기가 어렵다. 한 무리의 새 떼가 하늘에서 갑자기 아주 작아졌다가, 잠시 후에는 넓게 펼쳐지고, 다시 움직이다가 거의 보이지 않게 되더니, 반대로 점점 더 진해지는 변화무쌍한 모습을 보인다. 동시에 그들의 형태와 밀도는 엄청난 변화를 겪는다.

컴퓨터에서 이러한 움직임을 재현하는 수많은 시뮬레이션은 기본적으로 구 모양의 무리부터 시작한다. 그러나 첫 3차원 이미지를 보면 무리의 형태는 원반과 비슷하다. 바로 이 점 때문에 형태가 빠르게 변화하는 것처럼 보이는데, 원반 형태의 물체는 보는 방향에 따라, 즉 위나 아래에서 보면 매우 크고 둥글지만 측면에서 보면 아주 얇아 보일 수 있다. 형태와 밀도의 급격하고 빠른 변화는 우리와 마주한 무리가 방향 전환하며 일으키는 3차원 효과로 나타난다. (이것은 실험 전에 니콜라 카비보가 먼저 설명했지만, 문헌 자료가 없어 그의 직관이 옳다는 사실을 증명할 수 없었다.)

우리를 놀라게 했던 것은 새 떼 가장자리의 밀도가 중심부보다 거의 30퍼센트 이상 높다는 사실이었다. 찌르레기는 무리 가장자리에 가까워질수록 서로 더 가까이 붙어 있었다. 승객이 가득한 버스에서 방금 탄 사람들과 내리려는 사람들, 그리고 버스를 계속 타고 가야 하는 사람들까지 문 쪽에 몰려 있는 상황과 비슷하다. 입자처럼 무리의 새들도 서로를 끌어당긴다고 단순하게 생각하면, 중심부의 밀도가 더 높고 가장자리로 갈수록 낮아져야 한다. 그런데 결과는 정반대로 나타났다. 그리고 무리의 가장자리 중에는 매우 뾰족한 부분들도 있었지만, 새 한 마리만 무리에서 멀어져 고립되는 경우는 거의 없었다. 이러한 습성은 매의 공격으로부터 자신을 방어하기 위한 생물학적 기작에서 비롯되었을 가능성이 크다. 고립된 새는 매에게 쉬운 먹이지만, 가장자리에 더 많은 새가 서로 가까이 있을수록 사냥당할 가능성이 작아진다. 그래서 가장자리에 있는 새들은 자신을 지키기 위해 서로 가까이 붙어 있는 경향을 보이나 중심부의 새들은 굳이 간격을 좁힐 필요가 없다. 가장자리에 있는 동료들이 제공하는 보호를 이미 받는 상태이기 때문이다.

우리는 첫 이미지들을 계속 들여다보면서 각각의 새가 옆에 있는 동료보다 앞이나 뒤에 있는 동료와 최대한 거리를 두려는 경향이 있음도 알아냈다. 이것은 고속 도로를 달리는 자동차와 조금 비슷하다. 옆 자동차와 2미터 정도 거리를 두는 것은 완전히 정상이지만, 앞서가는 차와는 거리를 단 2미터만 두는 일은 절대 권장되지 않는 것과 마찬가지라고 할 수 있다.

게다가 앞 새와 간격을 두고 옆 새와는 가까이 있는 경향은 평균 간격 약 80센티미터의 아주 조밀한 무리에서든, 평균 간격 약 2미터의 훨씬 더 듬성듬성한 무리에서든 동일하게 나타나는 것으로 밝혀졌다. 이러한 현상은 새들 간의 거리에 따라 달라지는 것이 아니었다. 이것은 비행기들이 다른 비행기의 난류를 피하기 위해 서로 멀리 떨어져 있어야 하는 것처럼 역학적인 문제에서 기인한 것이 아니라고 봐야 타당하다. 그렇지 않으면 이 효과는 새들이 멀리 떨어져 있을 때 훨씬 더 작게 나타날 것이다. 이것은 새들이 서로의 방향을 잡아 주어 자기들끼리 충돌하지 않고 궤적을 유지하기 위한 방식 때문이다.

새로운 발견

위치를 선정할 때 찌르레기들이 보이는 이러한 성질 덕분에 우리는 정말로 예상치 못했던 결과에 도달하게 되었다. 바로 찌르레기 간의 상호 작용이 그들 사이 간격이 아니라 가장 가까운 새들 사이의 연결성에 좌우된다는 사실이었다. 만약 내가 친구들과 함께 달리다가 우회전한다면, 속도를 맞추기 위해 내 관심은 가장 가까이 있는 친구(1~2미터 정도의 거리에 있는 친구)에게 집중되고 저 멀리 떨어져 있는 친구가 무엇을 하고 있는지는 거의 신경 쓰지 않을 것이다. 결국 나중에 생각해 보면 이는 매우 당연했다. 물리학과 수학에서는 이처럼 새로운 무언가를 처음으로 이해하려고 의심과 노력을 거듭하는 과정에서 그 결과가 의외로 단순하고 자명함을 발견하는 경우가 흔하다. 문제와 답의 균형이 놀라울 정도로 맞지 않는 것이다. 시(詩)에서도 그렇지만, 과학에서도 마찬가지로 완성된 결과물에는 창작 과정에서의 노고와 의혹, 망설임은 흔적도 남지 않는다.

아이작 뉴턴(Isaac Newton)의 만유인력 법칙('두 물체 간의 중력은 거리의 제곱에 반비례한다.'라는 법칙을 아는가?)이 나온 후로, 우리는 거리의 영향을 받는 상호 작용에 익숙해졌다. 실험에서 나온 자료를 눈앞에 들이밀기라도 하지 않는 한, 물리학자들이란 상호 작용의 세기를 정의할 때 거리가 끼치는 영향이 크지 않다고 생각하기 힘든 족속들이다.

우리 경우는 어땠을까? 우리는 새들이 옆에 있는 동료보다 앞에 있는 동료와 더 '넓은 안전 거리'를 준수하는 경향에 대한 이전의 관찰 내용을 처음으로 정량적인 방식으로 표현했다. 이런 식으로 우리는 '비등방성(非等方性, anisotropy, 물체의 물리적 성질이 공간 방향에 따라 서로 다른 값을 보일 때 그 규모)'이라고 명명한 양을 정의할 수 있었다. 예를 들어 특정 무리를 찍은 일련의 사진에서 가까이 있는 두 새의 비등방성을 측정하면 높은 수치가 나왔지만, 멀리 있는 새들에게서는 실제로 0의 값이 나왔다. 여기까지는 좋았다. 우리는 멀리 있는 새들은 서로의 위치에 대한 정보를 갖고 있지 않을 것이라고 예상했고, 이것은 옆 간격이나 앞뒤 간격이나 차이가 없다고 보는 편이 논리적이었다.

심각한 문제는 다른 연속 사진에서 측정된, 동일 간격에 있는 새들 간의 비등방성을 비교하면서 나타났는데, 여기서는 예상과 맞아떨어지는 것이 없었다. 때로는 2미터 거리에 있는 새의 비등방성이 매우 큰 반면에, 다른 무리에서는 같은 2미터 거리의 비등방성이 완전히 무시될 수 있을 정도로 작아 자료에 아무런 의미가 없는 것처럼 보였다. 결국 우리는 가장 가까이 있는 새들 간의 간격은 무리에 따라 매우 다를 수 있으므로, 서로 다른 무리에서 동일 간격에 있는 두 새의 행동을 비교하는 일이 효과가 없다는 결론에 도달했다.

결국 우리는 관점을 바꿨다. 일단 각각의 새를 대상으로 첫 번째 이웃, 즉 가장 가까운 동료와 두 번째, 세 번째 이웃을 정의했다. 여기서 가장 가까운 새들 사이에서 비등방성이 가장 높고, 두 번째 이웃과는 그보다 낮으며, 일곱 번째 이웃에 이르자 비등방성이 실질적으로 0이 되는 현상을 발견했다. 언뜻 보기에는 비등방성이 거리에 따라 감소한다고 나온 이전 분석의 정보와 별 차이 없을 것이다. 그러나 무리들을 대조하자 상황이 바뀌었다. 한 무리에서 가장 가까운 짝의 평균 간격이 다른 무리의 그것보다 2배 더 넓어도, 두 무리의 가장 가까운 짝의 비등방성은 동일한 것으로 나타났다. 이 상황에서는 특별히 지식을 동원할 필요가 없었다. 관찰 자료를 바탕으로 하면 새들 간의 상호 작용은 두 새 간의 절대적인 간격이 아닌, 상대적인 거리 비율에 의존한다는 가설을 세울 수밖에 없었다.

여기까지가 2008년에 나온 우리 연구의 첫 결과였다. 이후로 많은 일이 일어났다. 연구단의 구성원이 바뀌었고, 나는 스핀 유리(spin glass, 구리나 은 같은 비자성 물질에 망간, 크롬, 유로퓸 같은 자성 불순물이 혼합된 저밀도 무작위 자석(dilute random magnets)을 말한다. — 옮긴이) 연구에 온종일 매달리기 시작했다. 새로운 자금 지원도 받아 전보다 훨씬 정교한 장비들을, 예를 들어 이 무렵

출시된 400만 화소에 초당 160프레임까지 촬영할 수 있는 카메라를 구비했다.

엄청난 연구가 이루어졌고, 새로운 아이디어와 알고리듬이 도입되었다. 지금은 무리가 회전할 때 각각의 새가 회전을 시작하는 순간을 수백분의 1초의 정확도로 정의할 수 있다. 거의 항상 한쪽의 소규모 무리가 회전을 시작하면 아주 짧은 시간(소규모 무리의 경우 수십분의 1초, 대규모 무리는 거의 1초) 내에 모든 새가 그 뒤를 따르는데, 오랫동안의 자료 분석과 세심한 연구 끝에 무리가 회전 중일 때를 포함해 새 무리의 움직임을 정량적으로 매우 상세하게 파악할 수 있다는 사실을 알게 되었다. 새들은 아주 간단한 규칙에 따라 움직이고, 옆에 있는 동료의 위치에 맞춰 이동한다. 회전에 관한 정보는 이 새에서 저 새에게 빠른 속도로, 마치 순식간에 퍼지는 입소문처럼 전달된다.

우리 연구는 지금까지 동물의 무리나 떼, 군중(群衆) 연구에 사용되던 패러다임을 완전히 바꾸어 놓았다. 이전에는 상호 작용이 거리에 의존한다는 것이 당연하게 여겨졌다. 그러나 우리 연구 이후로 상호 작용은 언제나 이웃한 존재에 따라 달라지는 것으로 간주되어야 했다. 아마 가장 흥미로운 결과는 수천 마리 새들의 위치를 추적하는 동시에 그 자료에서 동물의 행태를 파악하는 데 유용한 정보를 수집할 수 있음을 보여 주었다는 것이리라.

우리가 이러한 결과를 얻을 수 있었던 까닭은 아주 많은 수로 이루어진 동물 무리의 행태를 통계적으로 연구하기 위한 정량적인 기술을 사용했기 때문이다. 우리는 무질서하고 복잡한 문제를 해결하기 위해 통계 물리학에서 탄생하고 개발된 기술을 이용해 새로운 생물학적 탐구 기준을 확립했다. 자신들의 분야를 침범하는 일을 모든 생물학자가 반긴 것은 아니었다. 누군가는 우리 연구 결과에 지대한 관심을 보였지만, 또 몇몇은 우리 연구가 생물학적으로는 너무 빈약하고 수학적으로는 너무 풍부하다고 보았다. 여러 학술지 출판사에서 우리 연구의 게재를 거부했는데 아마 뼈저리게 후회하고 있을 것이다. 우리의 첫 발표가 대성공을 거둔 후 현재는 거의 2,000개의 과학 출판물에서 언급되고 있고, 수많은 사람이 뒤를 이어 연구하고 있으니 말이다.

생물학은 현재 대변혁의 시기를 맞고 있다. 데이터의 양이 계속 증가함에 따라 정량적 방법의 사용이 가능해졌을 뿐만 아니라 꼭 필요한 요소가 되었다. 이러한 방법은 의도적이든 의도적이지 않든 사용될 수 있으며, 어떤 내용인지에 따라 상당히 다른 방법이 이용된다. 특히 동물 행동학에서 동물의 행태를 연구할 때 수학의 비중이 과도하게 높으면 부정적인 반응이 일어나기 쉽다. 실제로 동물 행동학자들은 어떤 행태의 원인을 찾을 때 정량적 방식을 활용하기도 하지만, 그것은 여러 설명 중 하나일 뿐 동물 행동 연구의 핵심을 건들지는 못한다고 생각할지도 모른다.

그러나 수많은 과학 분야의 기본 정신이 세월이 흐르면서 변화했다. 이러한 변화는 어떤 방법론이 과학적이고 중요하며, 어떤 방법론이 실제 질문에 답할 수 없으므로 거부되어야 하는지에 대한 열띤 토론에서 발생한다. 관련해서 양자 역학의 창시자 막스 플랑크(Max Planck)의 냉소적인 발언을 곱씹어 볼 만하다. 그는 "과학에서 새로운 진실은 반대자들을 설득하고 계몽해 승리하는 것이 아니라, 결국 그들이 죽고 새로운 개념에 친숙해지는 신세대가 형성되면서 승리하는 것이다."라고 말했다. 나는 플랑크보다는 낙관적이다. 선의가 있고 인내심만 있다면, (대부분) 공통된 결론에 도달하거나, 적어도 일치하지 않는 지점을 밝힐 수는 있다고 생각한다.

2장

50여 년 전 로마의 물리학

내가 받은 인상은 (아무 이유 없이) 물리학이 수학보다 어려우므로, 물리학을 하면 스스로 더 많은 질문을 던지고 더 많은 도전을 하게 되리라는 것이었다.

과거에 대한 기억을 간직하는 일은 과학에서도 무척 중요하다. 그래서 나는 내 대학 초년생 시절과 그 시기의 물리학이 어땠는지 회상해 보려 한다. 나는 역사학자가 아니므로, 입자 물리학에 관심을 두었던 이론 물리학자로서의 기억만 이야기할 생각이다.

나는 1966년 11월에 로마 사피엔차 대학교(Sapienza Università di Roma)에 입학했다. 당시에는 1, 2학년 학생은 물리학 연구소를 마음대로 돌아다닐 수 없었다. 우리는 일반 물리학이나 물리학 실험 수업을 듣기는 했지만, 정문으로 학생들이 떼지어 드나드는 모습이 품위 있어 보이지 않는다는 이유로 항상 뒷문을 사용해야 했다. 물리학과의 산증인이자 엄청난 기억력으로 사람이든 사건이든 모조리 기억하는 아고스티노(Agostino)라는 이름의 수위가 철통같이 지키고 있기도 했고 말이다. 아고스티노는 1, 2학년 학생들에게 무슨 볼일로 왔는지를 꼬치꼬치 캐물으며 길을 막았다. 실제로 많은 학생이 특별한 경우를 제외하고는 할 일이 없다는 이유로 뒷문을 가리키는 그에게 쫓겨났다.

1학년 수업에 등록한 학생만 400명 정도였고, 마이크도 없던 탓에 교수가 고래고래 소리를 질러야 학생들이 수업을 들을 수 있었다. 기본 교양으로 중요하기도 했고 수업도 매우 길었던 일반 물리학은 여러 해 동안 에도아르도 아말디(Edoardo Amaldi) 교수와 조르조 살비니(Giorgio Salvini) 교수가 맡았는데, 내가 보기에 아주 신사였던 아말디 교수와 비교해 살비니 교수는 흥행사 기질이 다분했다. 한 번은 그가 회전 의자를 가지고 와서 그 위에 앉아 두 발을 들어 올리고 양손에 무거운 철제 아령을 든 채 빙빙 돌면서, 팔을 오므리면 더 빨리 회전하고 벌리면 느려진다는 사실을 보여 주었다. 발레 무용수라면 익숙할 현상이다. 한쪽 발로 서서 빠르게 회전하는 피루엣(pirouette)을 하려면 처음에는 양팔을 벌리고 시작해 회전하는 중에는 몸쪽으로 모아야 하니까. 그날 살비니 교수의 수업은 몸소 보여 준 이 현상을 설명하는 각운동량 보존 법칙 공식으로 마무리되었다.

우리가 정문으로 들어갈 때는 주로 피시케타(Fisichetta, 물리 실험) 강의실에 갈 때였는데, 이런 이름이 붙은 까닭은 피시코나(Fisicona)란 이름의 일반 물리학 실험실과 구분하기 위해서였다. 실험은 미로 같은 지하실(축축했던 시멘트 바닥이 기억난다.)에서 이루어졌고, 실험실마다 각각 다른 실험(대기압 측정하기, 마찰이 거의 없는 경사면에서 물체 떨어뜨리기, 혹은 얼음을 녹이는 데 필요한 에너지 측정하기 등등)을 했다. 우리는 30명씩 조를 짜서 수업을 받았고, 실험실마다 10개씩 있는 테이블에 3명이 배정되어 한 학년이 끝날 때까지 바뀌지 않았다. 상황이 그렇다 보니 연배 높은 학생을 만나기는 어려웠고, 같은 학년이 아닌 사람과는 접촉 자체가 없었다.

1968년

1968년에는 모든 것이 바뀌었다. 학교뿐만 아니라 이탈리아와 유럽을 비롯한 전 세계의 정치 판도도 바뀌었다. 뒤이어 사회 전체의 정치적 급진화가 일상까지 영향을 끼쳤다. 나처럼 자유당(Partito Liberale Italiano)이나 기독교 민주당(Democrazia Cristiana)에 표를 던진, 기본적으로 온건 우파였던 사람들은 사회적 갈등 상황에 놓이자 마르크스주의 쪽으로 돌아서기 시작했다. 1968년의 역사와 그 인과(因果)에 대해서는 이미 봇물 넘치듯 많은 자료가 나왔으니 여기서까지 쓸 필요는 없으리라 생각한다. 다만 나는 1968년이 물리학 연구소에 끼친 영향에 대한 이야기는 하고자 한다. 내 경우 모든 것이 그 거대한 물리학 강의실에서, 대규모 집회가 열렸을 때 시작되었다. (당시 좌석은 300석이었는데 참가자 수는 그 2배였다.) 그 집회는 오후 내내 진행되었고 저녁 9시에 점거 농성 여부에 대한 투표로 끝이 났다. 농성은 과반수로 통과되었다. (내가 보기에 2 대 1이었던 것 같다.) 결국 학생들은 농성을 선택했다. 물리학 연구소에서 진행된 집회였으니 우리는 물론 농성을 반대한 사람들도 '반대' 의견을 낸 것 자체가 어쨌든 투표의 정당성을 인정한 것으로 간주되어 함께 책임을 져야 했다.

국가 자원 봉사단(Volontari Nazionali. 1968년 3월 16일 사피엔차 대학교 학생들의 점거 농성 진압에 참가한 이탈리아의 우익 단체. — 옮긴이) 단장이었던 줄리오 카라돈나(Giulio Caradonna)가 이탈리아 국기를 휘감은 길고 단단한 몽둥이를 든 네오파시스트 대원들을 이끌고 학교에 침입했을 때, 사건의 전말을 알고 있던 조르조 카레리(Giorgio Careri) 총장은 물리학부 건물 2층에 있던 도서관에 예상치 못한 화재가 일어날까 봐 걱정이 태산이었다. 당시 문과

대에서 습격자들에게 던질 용도로 소화기를 다 가져갔기 때문이었다. 카레리 총장은 걱정스러운 얼굴로 연구소 입구에서 보초를 서는 학생들에게 다가가 "피치 못할 사태가 일어나더라도 되도록 1층에서 벌어지게 하세요."라는 말을 전했다.

점거 기간이 지나고 학년 차가 있는 학생들은 물론 학생과 조교, 젊은 교수 간의 장벽도 모두 무너졌다. 그래서 교수 중 로마의 음악 클럽 폴크스튜디오(Folkstudio)에서 프랑스 샹소니에(chansonnier, 소극장에서 직접 쓴 가사로 샹송을 부르는 가수. — 옮긴이)로 공연을 하는 파올로 카미즈(Paolo Camiz) 같은 사람도 있다는 사실이 밝혀졌다. 이런 공연은 요즘 유튜브에서 쉽게 검색할 수 있다.

도서 열람실은 두 곳이 있었다. 한 곳은 10년간 수집된 학술지로 가득 찬 벽에 둘러싸여, 경건한 침묵이 흐르고 있었다. 다른 한 곳은 오후 늦게까지 웃고 떠들며 브리지(4인용 카드 게임)까지 할 수 있어 자유롭고, 훨씬 더 소란스러웠다. (물리학자들은 브리스콜라(briscola)나 스코포네(scopone) 같은 이탈리아 전통 카드 놀이는 별로 진지한 게임이라 생각지 않았다.) 연구소는 지금보다 훨씬 붐볐다. 저녁 9시 이후에도 후문이 열리면 다른 시간대에 수업을 들으러 올 수 없는 직장인 학생들이 들어왔다.

내가 보기에 당시의 물리학부는 지금과 비교할 수 없을 정도로 훨씬 더 젊었다. 나도 50년 이상 어리던 시절이니 당연히 훨씬 젊었고, 요즘 만나는 사람들보다 훨씬 더 젊은 사람들과 만났다. 객관적으로 봐도 당시 물리학 연구소의 연령대는 훨씬 젊었다. 이탈리아 물리학의 선봉장인 에도아르도 아말디 교수는 '할아버지'라는 별명으로 불렸지만, 당시 나이는 60세였다. 아말디 교수 밑으로 조르조 살비니와 마르첼로 콘베르시(Marcello Conversi), 마르첼로 치니(Marcello Cini)가 정교수직을 맡고 있었고 모두 50세 미만으로 요즘보다 확실히 젊었다.

니콜라 카비보는 1966년 사피엔차에 왔다. 31세의 나이에 전임 교수가 된 것은 일명 '카비보 각(Cabibbo angle)'을 바탕으로 한 약한 상호 작용 이론으로 얻은 영광 덕분이었고, 이 발견은 노벨상을 받는 것도 가능할 정도의 업적이었다. 1968년 33세의 나이로 그는 전 이탈리아 이론 물리학계의 핵심 인물이 되었는데, 그의 동년배 중 프란체스코 칼로제로(Francesco Calogero)는 평화적인 세계 정세와 양립할 수 있는 과학의 발전을 보장하기 위해 탄생한 비정부 조직인 퍼그워시 회의(Pugwash Conferences)의 사무총장으로 1995년에 노벨 평화상을 받았다.

이론 물리학과 조교들도 대부분 아주 젊어서 많아야 30세 정도였다. 물론 1969년에 69세 생일을 앞두고 안타깝게 사망한 엔리코 페르시코(Enrico Persico)와 같이 연로한 이도 있기는 했다. 그러나 지금과는 아주 다르게 당시 수업 중 가장 중요한 부분은 45세 정도의 교수들이 맡고 있어서 나는 연장자들과 얽힐 일은 별로 없었다.

학생들이 어리다는 점을 제외하고 인상적인 점을 꼽자면 역사적 사건을 들 수 있다. 1950년대에 우리가 생각하는 보통의 대학으로 변모하고 있던 이탈리아 대학교가 폭풍의 중심지가 되었던 것이다. 특히 물리학이 강한 성장세를 보였고, CERN(Conseil Européen pour la Recherche Nucléaire, 유럽 원자핵 연구 협의회)의 초대 사무총장이었던 아말디 교수 덕분에 상당한 자금 지원도 받았다. (그가 1952년부터 2년 동안 사무총장을 맡은 이 기관은 1954년 유럽 입자 물리학 연구소(Organisation Européenne pour la Recherche Nucléaire)로 이어지나, 약자는 CERN을 그대로 사용하게 된다. — 옮긴이) 연구 활동이 완전히 국제화되었고, 이탈리아에서의 명성이 해외에서도 주목을 받기 시작했다. 다른 연구소나 학과를 오랫동안 장악했던 (악명 높은 봉건적) 위계 질서가 물리학 앞에서 힘을 잃었고, 남보다 뛰어난 과학자들이 빠르게 학계 권력의 정상으로 올라갔다. (나도 32세에 종신 교수직을 둘러싼 경쟁에서 승리했다.) 정규직도 졸업 후 몇 년 안에 얻을 수 있었다. 내가 1970년 22세의 나이로 프라스카티 국립 연구소(Laboratori Nazionali di Frascati)에서 근무하기 시작했을 때, 친구였던 아우렐리오 그릴로(Aurelio Grillo)와 세르조 페라라(Sergio Ferrara)는 25세에 이미 정규직이었다. 요즘 그 나이면 잘해 봤자 박사 학위 과정을 절반 정도 밟은 상태일 것이다.

과학 커뮤니케이션

오늘날의 우리는 인터넷으로 문자 메시지를 교환하거나 무료로 전화 통화할 수 있는 편리함에 너무 익숙해져서 당시의 과학 커뮤니케이션을 상상도 하기 어렵다.

예전에는 국제 전화 요금이 엄청났다. 이탈리아에서 미국으로 전화하는 데 분당 1,200리라였는데, 내가 연구원으로 입사해 받은 첫 월급이 12만 5000리라였다. 그러니까 1시간 30분 정도 통화하면 한 달 월급이 다 날아가는 셈이었다. 팩스는 존재도 하지 않았고, 대신 물리학부에는 굉장히 무겁고 불편해 거의 사용하지 않는 전신 타자기(사실상 전신 단말기)가 있었다.

전화는 예외적인 경우에만 사용되었다. 재미있는 에피소드가 하나 있는데, 1974년 11월 프시 중간자(ψ meson)의 발견 때문에 생긴 일이었다. 프시 중간자는 맵시 쿼크(charm quark) 2개로 구성되는데, 이 발견은 '11월 혁명(November Revolution)'이라 불릴 정도로 입자 물리학에 지대한 영향을 끼쳤다. 이 입자는 미국의 서로 다른 두 연구소에서 거의 동시에 발견되었는데, 이 소식은 삽시간에 전 세계로 퍼졌고 프라스카티 연구소는 자신들도 이 입자를 관측할 수 있음을 알게 되었다. 곧바로 진행 중이던 실험의 매개 변수가 수정되었고, 단 일주일 만에 우리 쪽에서도 물리학자 모두의 환희 속에서 프시 중간자가 발견되었다.

이것은 매우 중요한 결과였다. 미국 실험에서 나온 정보를 바탕으로 했지만, 그들 다음으로 얻은 결과였고, 이탈리아의 뛰어난 능력을 보여 주는 것이었다. 중요한 것은 논문으로 작성해 저명한 물리학 학술지(《피지컬 리뷰 레터스(*Physical Review Letters*)》)에서 미국 쪽 논문이 실릴 호에 함께 게재되는 것이었다. 마감을 코앞에 두고 있어 낭비할 시간이 없었다. 발견 직후 주말에 급하게 논문이 작성되었고, 조금 더 시간을 벌기 위해 전화로 내용이 전달되는 아주 이례적인 절차를 거쳤다. 그래프가 있는 그림도 육성으로 점의 좌표를 지시해 전달되었고, 누군가는 대서양 반대편에서 그림을 다시 그려야 했다. (100여 명이 되는) 저자의 이름도 전화로 스펠링을 불러 주었는데 우스꽝스러운 결과가 나왔다. 조르조 살비니 교수가 구술 담당자였는데, 정작 저자 명단에서 본인이 누락되는 사태가 벌어졌다. 스펠링을 말할 때 그가 항상 S를 항상 "살비니(Salvini) 할 때 에스(S)"라고 말했기 때문에 그의 이름이 'S'로 바뀌어 "G. Salvini, M. Spinetti"가 "G. S. M. Spinetti"로 잘못 나오고 말았던 것이다. 이 오타는 반드시 수정되어야 했다.

과학계에서 협업할 때는 교환되는 서신은 길고 공식이 많은 경우가 대부분이다. 이탈리아는 통신 수단이 상당히 불편했다. 항공 우편으로 보낸 서신이 도착하는 데 보름이 걸릴 정도로 이탈리아의 우편 업무가 형편없었기 때문이다. 원격으로 함께 작업하기란 거의 불가능했고, 물리적으로 같은 공간에 있어야 했다.

1970년 봄 니콜라 카비보가 나와 나보다 몇 살 연상인 마시모 테스타(Massimo Testa)를 불러 로마에서 하버드 대학교로 1년간 연구하러 간 루차노 마이아니(Luciano Maiani)의 손편지를 읽어 줬다. 마이아니는 셸던 글래쇼(Sheldon Glashow), 이오아니스 일로풀로스(Ioannis Iliopoulos)와 함께 얻은 결과를 알려주려했다. 그 편지는 아주 중요한 과학적 결과뿐만 아니라, "우리는 목욕물과 함께 아이까지 버려 버렸습니다."라는 마지막 문장 때문에 인상 깊었다. 편지는 니콜라 카비보와 루차노 마이아니가 몇 년 전 카비보 각을 계산하기 위해 시작한 연구 프로그램이 막바지에 이르렀음을 알리고 있었다. 이 각은 계산이 가능하지 않다는 결론이 났지만, 편지에는 저자 3명의 이름 첫 글자(Glashow-Iliopoulos-Maiani)를 따 'GIM 메커니즘'이라 명명된 이론의 기초가 적혀 있었다. GIM 메커니즘은 입자들 사이에 발생하는 몇 가지 상호 작용이 어떻게 허용되는지, 안 되는지를 설명하면서 약한 상호 작용에서 중성 흐름(neutral current, 전기적으로 중성인 입자를 통해 약력이 전달되는 현상. — 옮긴이)과 맵시 쿼크가 반드시 존재하리라고 예측했다. 이러한 예측은 1973년에 처음으로 그리고 1974년에 두 번째로 (프시 중간자에서 우리가 본 것처럼) 실험으로 검증되었다.

기술

예전에는 간단한 계산은 대부분 손으로 이루어졌고, 도와줄 수단이라 봐야 기껏해야 주머니에 있던 계산자 정도가 전부였다. 지금은 박물관에 전시해야 할 것 같은 계산자는 두세 자릿수의 곱셈을 빨리할 수 있게 해 주었다. 그러나 곧 휴대용 계산기에 밀려나는 운명을 맞는다. 1973년 계산기를 처음 접했을 때 상당히 놀라웠으나 내 한 달 월급을 줘야 살 수 있는 가격이었다.

컴퓨터는 실제로는 계산기라 불렸는데, 그 시절 컴퓨터는 지금과 많이 달랐다. 그래도 현재의 컴퓨터와 공통점이 한 가지 있기는 하다. 나보다 몇 살 많지만 절친한 사이였던 에토레 살루스티(Ettore Salusti)는 구멍 낸 카드 한 뭉치를 손에 들고 복도를 지나다가 나와 마주치면 "자네 지금 하는 일 조심해. 컴퓨터는 악의적이야."라고 진지하게 충고하곤 했다. 컴퓨터의 악의(惡意)는 수 세대에 걸친 컴퓨터 과학자들의 노력에도 완전히 사라지지 않은 특성으로, 작업 중인 파일을 저장하지 않을 때만 종종 발생하는 재앙 같은 충돌을 말한다.

우리의 메인 컴퓨터는 강력한 유니박(UNIVAC, UNIVersal Automatic Computer. 미국 레밍턴 랜드 사가 1951년 개발해 영업용으로 판매한 최초의 기록을 갖고 있다. — 옮긴이)으로, 물리학 연구소에서 수백 미터 떨어진 건물 지하에 있어 기술자들만 건드릴 수 있었다. 이 컴퓨터의 기억 용량은 외장 디스크가 달린 보조 장치를 제외하면 0.1메가바이트로 내가 현재 쓰는 휴대 전화의 100만분의 1 정도였다. 건물 2층에 있는 키보드가 달린 기계(거대한 타자기)들은 프로그램의 지시문을 적는 카드에 구멍을 뚫는(천공) 용도로 사용되었다. 이 카드에는 각각 최대 80자의 문장이 한 줄씩 적혀 있었다. 기계실 중앙에는 단말기 1대가 위엄 있는 자태를 뽐냈는데, 천공기로 작성한 프로그램이 담긴 카드 뭉치를 넣으면 이 단말기에서 1초에 수십 장씩 매우 빠른 속도로 읽어 냈다. 몇 분에서 몇 시간까지 상황에 따라 다양한 시간이 경과한 후, 고속 인쇄기가 단말기에서 읽은 내용들을 거대한 용지에 기록했다. 간혹 누군가 "이런 젠장! 세미콜론 넣는 걸 깜빡했어. 카드를 다시 작성해서 처음부터 다시 해야 해!"와 같은 탄식을 내뱉는 소리가 들리곤 했다. 리더기에 카드를 넣으러 가면 항상 줄을 서야 했는데, 100장 정도의 카드 뭉치 몇 개를 들고 온 사람도 있었고, 긴 서랍 같은 전용 상자에 수천 장 이상의 카드를 갖고 오는 이도 있었다. 한번은 어떤 동료가 발이 걸려 넘어지면서 1미터짜리 상자를 가득 채운 카드를 모두 바닥에 떨어뜨린 적이 있었다. 당시 그 동료는 "자료 분석은 끝장났네."라며 한숨을 쉬었다. 프로그램 관련 카드였고 작업이 이미 3분의 2까지 진행되었지만, 바닥에 떨어뜨린 수천 장의 카드를 순서대로 다시 정리하려면 끝도 없는 퍼즐 맞추기를 해야 할 상황이었던 것이다. 동료는 진행된 자료에 만족하기로 하고 그 연구는 포기한 채 다른 문제를 연구하기 시작했다.

그 시절에는 컴퓨터를 통한 디지털 방식으로 자료를 기록한다는 개념이 없었다. 그런 기능을 하는 기계도 없었고, 측정 장치와 컴퓨터 간의 인터페이스도 없었다. 그렇게 우리는 기계가 표시한 데이터를 다시 손으로 옮겨 적는 수고를 계속해야 했다. 특별히 신호를 매우 빠른 속도로 분석해야 할 때는 가장 최근에 개발된 기술 중 하나였던, 초속 1미터의 속도로 열 감지 테이프가 지나가는 동안 고온의 펜이 신호를 기록하는, 심전도 측정기와 정확히 똑같은 방식이지만 그보다 훨씬 더 빠른 장비를 사용했다.

입자 물리학에서는 수 미터 크기의 방전 상자(spark chamber)를 자주 사용했다. 이것은 상자에서 입자가 이동하면서 불꽃을 일으키면 이 불꽃으로 입자의 궤적을 재구성하는 장치였다. 불꽃을 촬영한 후 그 좌표를 기록해야 하는데, 이 스캐닝(scanning) 작업은 사진을 거대한 테이블에 영사하면 여성만으로 이루어진 작업자들이 축도기(pantagraph, 도면과 그림을 일정한 비율로 줄이거나 키워서 그리는 데 쓰는 기구. — 옮긴이)를 움직이면서 버튼으로 카드에 천공을 만들어 기록하는 방식으로 이루어졌다. 이 여성들은 3층의 커다란 작업실에서 일했고, 사람들이 농담 삼아 그녀들을 '스캐너'라고 불렀다. 이들에게는 따분하기 그지없는 이 업무가 모든 입자 물리학 실험의 핵심이었다.

이론 입자 물리학

내가 어린 학생이던 시절 이론 입자 물리학은 '논 플루스 울트라(nōn plūs ultra)', 즉 '무상(無上)의 존재'로 여겨졌다. 나보다 한 학년 위의 아주 뛰어난 선배조차 졸업반 학생들이 너무 많이 찾는 바람에 니콜라 카비보 교수와 논문 작업을 하지 못하는 경우가 많았다. 결국 타 분야에서 이탈리아 최고로 꼽히는 다른 교수와 논문을 써야 했지만, 선배들 입장에서 이는 대안일 뿐 실패와 같은 의미였다.

이론 입자 물리학이 그런 명성을 누리게 된 이유는 무엇이었을까? 로마에는 엔리코 페르미(Enrico Fermi)의 유산이 생생하게 살아 있었고, 유럽에서, 어쩌면 세계에서 가장 큰 입자 물리학 연구소였던 제네바의 CERN과 관계가 매우 돈독했다. 그러나 이 두 가지만으로 그렇게 될 수는 없었다. 이론 입자 물리학 주위에는 신비한 오라(aura)가 있었다.

이제는 우리 모두 쿼크가 존재한다는 사실을 안다. 쿼크는 접착제 역할을 하는 글루온(gluon)을 통해 결합돼 있고 양성자와 중성자의 구성 요소이며, 쿼크의 특성을 계산하는 양자 색역학(quantum chromodynamics, QCD)이란 이론도 있다.

당시에는 이런 존재에 대해 거의 아무것도 알지 못했다.

1930년대부터 양성자와 중성자가 알려지기 시작했고, 1950년대와 1960년대에는 반감기가 매우 짧아 관찰이 어려운 다른 입자들도 무척 많다는 사실이 서서히 밝혀졌다. 지금은 중입자(重粒子, baryon)라고 부르는 방대한 입자군 중 양성자와 중성자는 가장 가벼워 빨리 붕괴되지 않는 유일한 입자들이다. 양성자나 중성자가 이외에 다른 특별한 속성을 가지고 있는 것 같지는 않았다.

비슷한 입자들로 구성된 방대한 군이 존재하며 일부 유형에서는 붕괴가 일어나고 또 다른 유형에서는 붕괴가 일어나지 않는다는 관찰 결과는 입자들을 형성하는 구성 요소들이 다양한 방식으로 혼합되면서 또 다른 물체를 생성한다는 추측을 하게 했다. 화학 물질의 거의 무한한 다양성은 100여 가지 원자의 조합에서 오며, 원자는 원자핵과 전자로, 원자핵은 양성자와 중성자로 이루어져 있다. 그렇다면 양성자와 중성자는 어떻게 구성돼 있을까?

이 질문에 답하기란 쉽지 않았고, 명백한 힌트도 없었다. 1962년에 미국의 제프리 추(Geoffrey Chew)가 부트스트랩(bootstrap)이라는 혁신적인 이론을 제안한 바 있다. 지금은 컴퓨터의 시동 과정을 뜻하는 전문 용어(부팅)로 사용되지만, 당시에는 극히 일부의 최고 전문 기술자만 사용하는 말이었다. 부트스트랩은 구두 뒤축에 달려 구두 신기를 편하게 해 주는 끈이나 고리를 뜻한다. 이런 말을 들어본 적 있을 것이다. "구두끈을 잡아당겨 바닥에서 떨어질 수는 없다." (직접 해 본 적이 없다 해도, 끈을 잡아당겨서 몸을 바닥에서 띄울 수 없다는 사실은 쉽게 상상할 수 있을 것이다.) 부트스트랩 이론에서 각 입자는 어떤 방식으로든 다른 입자들로 구성된다. 그리고 입자들에게는 나름의 '민주주의'가 적용돼 다른 입자보다 더 기본적인 입자는 없다. 물질의 기본 구성 요소(처음에는 '물, 공기, 불, 흙'이었다.)에 대한 누천년의 연구가 막바지에 도달했다. 기본 구성 요소는 없고 여러 입자 간의 관계만 있다. 이 개념은 엄청난 성공을 거뒀다. 프리초프 카프라(Fritjof Capra)는 '부트스트랩 철학'이 이미 사양세를 타던 1975년에 출간한 자신의 책 『현대 물리학과 동양 사상(*The Tao of Physics*)』에서 이 이론이 동양 철학에서 기인한 것이라고 했다. 그런데 내가 보기에는 오히려 게오르크 헤겔(Georg Hegel)의 관념론을 반영한 것 같다.

비슷한 입자들로 구성된 방대한 입자군을 체계적으로 정리하려는 시도가 수많은 학파에서 이어졌다. 온갖 유형의 대칭성은 물론이고 빛보다 빠른 속도의 정보 전달 불가능성에 이르기까지 각자 나름의 원리를 동원했다. 이 학파들은 서로 목적이 달랐고 의견 교환은 거의 하지 않았다. 이중에서 부트스트랩은 완벽한 이론에 도달하고자 하는, 가장 급진적인 제안이었다.

전문적인 지식이 있는 독자라면 이런 의문이 생길 것이다. 쿼크를 기준으로 한 이론은 왜 없었을까? 쿼크는 1964년 머리 겔만(Murray Gell-Mann)과 조지 츠와이그(George Zweig)가 제시했고, 몇 개월이 채 지나지 않아 오스카 그린버그(Oscar Greenberg)가 색깔까지 추가했다. (모든 유형의 쿼크는 세 가지 색깔로 존재한다는 주장이다.) 쿼크는 처음에는 이론을 수학적으로 단순화하기 위해 도입되었고, 아주 신중한 실험 연구를 통해서도 관찰에 성공한 사람이 없어 존재 자체를 신뢰하기가 어려웠다. 일명 '꿩과 송아지 철학(philosophy of the pheasant and the veal)'을 내세우던 머리 겔만은 발렌틴 텔레그디(Valentine Telegdi)와의 논의 후 1964년의 유명한 연구에 삽입된 이미지를 사용했다. 머리 겔만은 몇 가지 방정식을 유도하기 위해 쿼크 모형을 사용했지만, 그에게는 출발점이 된 쿼크 모형보다 방정식이 훨씬 더 중요했고 쿼크 모형은 그저 방정식을 얻기 위한 방편에 지나지 않았다. 결국 쿼크 모형은 사라지고 최종 방정식만 남게 된다. 그가 사용한 방법은 꿩고기 한 조각을 송아지 고기 두 조각 사이에 놓고 굽는 프랑스 요리와 같은 것이었다. 이 요리는 손님에게 낼 때는 꿩고기만 접시에 담고 송아지 고기는 버린다. 쿼크 모형을 진지하게 받아들인 사람들도 아주 제한적인 방식이 아니면 제대로 사용하지 못했다.

상황은 1960년대 말에 접어들면서 서서히 바뀌었다. 새로운 실험 자료들이 나와 이론이 다듬어지고, 결국 색색깔의 쿼크와 글루온이 실험 자료를 잠정적으로 설명할 수 있음을 알게 되었다. 이러한 관점은 1974년 11월 혁명을 통해 프시 중간자의 발견과 이 입자의 기이한 특성이 궁극적으로 현재 우리가 알고 있는 이론과 부합하는 방향으로 흘러가면서 결정적인 성공을 거뒀다.

부트스트랩은 어떻게 되었을까?

세계 5대 기초 과학 연구소로 꼽히는 이스라엘의 바이츠만 연구소(Weizmann Institute of Science)에는 아르헨티나 출신의 천재 과학자 헥터 루빈스타인(Hector Rubinstein)이 이끄는 강력한 물리학자 그룹이 있었다. 그의 지도하에 미겔 비라소로(Miguel Virasoro)와 가브리엘레 베네치아노(Gabriele Veneziano), 마르코 아데몰로(Marco Ademollo), 아담 슈윔머(Adam Schwimmer)가 길고 긴 입자 물리학 연구를 시작했고, 여기서 끈 이론이 포착되었다. 사실 가브리엘레 베네치아노가 1968년에 최초의 열린 끈 모형을 이용해 이 이론의 기초를 닦았지만, 당시의 선행 연구들이 베네치아노의 모형을 가능하게 했던 개념 틀을 형성하는 데 아주 중요한 역할을 했다. 이 연구에 자극받은 미겔 비라소로는 몇 개월 후 닫힌 끈 모형을 도입한 이론을 펼쳤다. 이론이 가져온 놀라운 결과는 사람들의 관심을 불러일으켰고, 물질이 하나의 끈(탄력적인 끈)으로 이루어져 있으며 다양한 입자를 그 끈의 진동이라고 가정하면 그 입자들의 성질을 유도할 수 있다는 사실이 서서히 밝혀졌다. 그러나 불행하게도 관찰된 입자들을 직접적으로 설명해 주는 끈을 찾을 수는 없었다.

1974년 조엘 셰르크(Joël Scherk)와 존 슈워츠(John Schwarz)는 비록 지금은 수많은 세부 사항이 숨겨져 있으나 끈 이론이 양자 역학의 틀에서 중력을 설명하는 출발점으로 사용될 수 있음을 알아냈다. 물질의 기본 구성 요소를 없애려 했던 부트스트랩 철학이, 우주 만물(물질과 빛, 중력파)이 끈으로 이루어져 있다는 새로운 이론의 산파 역할을 했다는 점은 역설적이다.

아이디어는 가끔은 부메랑 같아서, 처음에는 한 방향으로 시작했지만 나중에는 다른 곳으로 향할 때가 많다. 흥미롭고 비범한 결과를 얻으면 전혀 예상하지 못한 영역에서 응용될 수 있다.

현재로 넘어와 이제 우리는 양성자나 다른 입자들의 특성을 잘 알고 있지만, 양자 중력과 관련해서는 50년 전을 떠올리는 상황이다. 끈 이론이나 고리 중력(loop gravity) 등 다양한 사상과 학파가 있다. 그중 어떤 개념 하나를 타당하다고 봐야 할까, 아니면 예상치 못한 결과를 안겨 줄 새로운 이론적 아이디어나 실험을 기다려야 할까? '최종 이론(La Teoria Finale)'은 어떤 형태일까? 이것을 판단하기는 정말 어렵다. 미래를 예측하려 아무리 노력해도, 미래는 우리를 놀라게 할 것이다.

3장
상전이, 혹은 집단 현상

물이 끓거나 어는 것은 매우 이상한 사건이다. 온도가 조금 변했다는 이유만으로 갑자기 물질의 형태가 변하는 것이다. 원자 하나, 혹은 얼었거나 끓는 물의 분자 하나의 변화가 아니라 집단의 변화이다.

상전이는 너무 익숙해서 우리가 알아채지 못하는 '일상의 물리' 현상이다. 그러나 물리학자에게는 파헤쳐 보고 싶은 아주 흥미로운 현상이기도 하다. 나도 그런 이유로 1971년과 1972년 사이에 대표적 미해결 문제로 여겨지던 특정 유형의 상전이 연구에 상당한 관심을 기울였다.

요즘은 섭씨 100도의 온도에서 물이 끓기 시작하면 액체상에서 기체상으로 바뀌고 섭씨 0도 이하로 내려가면 액체상에서 고체상으로, 즉 얼음으로 바뀐다는 사실을 모르는 이가 없다.

이렇게 평범한 현상을 봐도 물리학자들은 수많은 의문을 만들어 낸다. 이런 변화는 왜 일어날까? 왜 정확히 그 온도일까? 모든 물질에서 유사한 방식으로 변화가 일어날까? 이 외에도 답을 찾기 어려운 질문이 많이 떠오른다.

20세기 첫 10년 동안 물리학자들은 물질을 구성하는 '벽돌' 역할을 하는 원자와 분자의 존재에 대한 실험 증거를 확보하기 시작했고, 물의 결빙과 같은 거시 현상을 아주 작은 물질 단위의 집단 행동에서 나타나는 현상으로 해석하려 했다.

미시적인 관점에서는 상전이를 설명하기가 훨씬 더 어려워지고 항상 다른 형태의 문제들이 나타난다. 우리는 가장 간단한 사례부터 풀어 가기 시작했고, 이후 서서히 장비를 개선하면서 해결 가능한 문제들이 늘어났다.

미시적 차원의 상전이를 연구하려면 원자나 분자, 혹은 미세한 크기의 자석 같은 수많은 '물체들'의 행동을 파악해야 한다. 상호 작용을 하고 정보 교환을 하면서 수신된 정보에 따라 행동을 수정하는 이 '기본 요소들'은 (전통적인 물리학보다 더 일반적인 맥락에서) '행위자'라 부를 수 있다.

물리학에서는 '정보 교환'이 '힘을 주고받는 것'과 같은데, 일반적으로 물체들은 다른 물체와 멀리 있느냐 더 가까이 있느냐에 따라 다르게 행동한다. 물체들이 너무 멀리 떨어져 있으면 정보 교환을 할 수 없으니 보통은 상당히 가까이 있어야 한다. (이 모형은 물리학뿐만 아니라 생물학, 경제학 등의 학문 분야에 적용될 수 있다.)

물의 온도처럼 우리가 거시적으로 측정하는 물리량은 미시적인 행위자의 행동에 좌우된다. 분자의 속도 같은 것을 예로 들 수 있지만, 우리가 직접 분자의 운동을 볼 수는 없다.

고해상도 현미경으로 물을 관찰한다고 생각해 보자. 약간 구부러진 아령 형태의 분자들이 서로를 움직이고 끌어당기고 돌리고 멀어지며 빠른 속도로 진동하는 모습을 보게 될 것이다. 바로 물에 대한 분자 차원의 설명이다. 사람의 눈에 보이는 물은 특정한 온도에서는 냉각되어 응고되고, 또 어떤 온도에서는 증발해 기체가 된다. 각 원자의 행동이 계 전체의 거동으로 전환되는 방법을 설명하는 것은 무척 어려운 문제다.

1차 상전이

상전이를 연구하는 사람은 특정한 상태의 변화가 일어나는 온도나 압력보다는 그 메커니즘을 밝히는 데 더 관심을 둔다. 예를 들면 이러한 의문을 갖는 것이다. 왜 이 현상이 다 함께 어느 특정 '시점'에 발생하는 것일까? 섭씨 100도에서 계는 무엇이 변화하는가? 임계 온도보다 단 1도 낮은 온도에서 계를 관찰하면 왜 아무 변화도 감지할 수 없는 것일까? 그리고 1도만 높아져도 거시 행동에 갑작스러운 변화가 일어나는 것은 왜일까?

이러한 의문을 개념적으로 이해하는 일은 절대 사소한 문제가 아니어서, 1930년대에는 수많은 물리학자가 물리학의 일반 규칙, 특히 통계 역학이 상전이를 설명하기 충분한지에 의문을 품을 정도였다.

해결책은 1940년대와 1950년대에 나왔고, 상당히 일반적인 물리학 개념인 에너지 최소화(energy minimization)를 가지고도 답이 나오기 시작했다. 자연에서 자유롭게 움직이는 물체는 평형점을 찾을 때까지 자신의 최소 에너지 위치에 도달하려 한다. 예를 들어 커다란 싱크홀로 이어지는 내리막길에 놓인 공은 가장 낮은 지점까지 굴러간다. 구멍 밑바닥의 위치는 무엇인가가 외부에서 개입해 밖으로 나오게 하지 않는 한 공이 머물게 될 안정적인 평형을 나타내는 위치다.

냉각에서도 비슷한 작용이 일어나는데, 섭씨 0도 이하 온도에서의 안정적인 평형 상태(고체)는 자유 에너지가 최소가 된 상태다. 온도가 올라가면 고체상에서 격자 결정의 정확한 위치를 차지하고 있는 분자들이 진동하기 시작해 정해진 자리를 벗어나 자유롭게 이동하기 시작한다. 이 상태를 액체상이라고 한다. 이 또한 안정적인 평형 상태를 나타내며 자유 에너지가 최소가 되는 또 다른 지점이다.

물에 열을 공급하는 것은 공을 미는 일과 같다. 살짝만 밀어도 공은 이동하지만, 구멍에서 빠져 나올 정도의 에너지는 갖고 있지 않다. 미는 힘이 세지면 공은 구멍에서 벗어나기 충분한 에너지를 갖고 또 다른 평형점을 찾을 때까지 이동하게 된다.

이렇게 물 분자는 고체상으로 정의되는 격자 결정 상태에서는 멈춰 있다. 이 분자는 온도가 증가함에 따라 점점 더 심하게 진동하다가, 섭씨 0도에 이르면 분자들을 결속하고 있던 결합이 깨지기 시작한다. 이 단계에서 계속 열을 공급하면 온도는 더 올라가지 않더라도 계에 공급된 에너지가 분자 간 결합을 끊어 얼음 전체가 녹으면서 물이 되고, 액체상에서 안정적인 새 평형점을 찾게 된다.

이러한 유형의 상전이를 1차 상전이라 하고, 1차 상전이는 두 가지 중요한 현상으로 특징지어진다.

첫 번째 현상은 임계점에 가까운 계에서 상전이가 임박했음을 나타내는 미시적인 특성이 전혀 나타나지 않는 것이다. 섭씨 0.5도의 물에서는 온도가 0.5도 더 내려간다고 해서 냉각이 시작되리라 예상할 만한 그 어떤 징후도 드러나지 않는다. 임계 온도에 가까워져도 물속에 얼음덩어리가 형성되거나, 얼음 속에 물 덩어리가 생기지도 않는다.

두 번째 중요한 현상은 '잠열(latent heat)'의 존재다. 잠열은 계의 온도를 높이는 것이 아니라 분자의 결합을 끊는 데 필요한 열의 양이다. 얼음이 섭씨 0도일 때 우리가 공급하는 열은 얼음이 모두 녹을 때까지 결합을 끊는 데 사용된다. 이처럼 상태를 변화시키기 위해 우리가 계에 공급해야 하는 열의 양을 잠열이라고 한다.

상전이는 계가 질서에서 무질서한 상태로 전이하는 것으로 설명 가능한 경우가 있다. 실제로 고체상에서 분자는 격자 결정의 정확한 위치를 차지하고 있으니 질서 상태인 것이다. 액체상에서는 물 분자가 자유롭게 움직일 수 있고, 미시적 상태는 이전 상에서보다 훨씬 더 무질서해 보인다.

2차 상전이

모든 물질이 물처럼 행동하는 것은 아니다. 잠열이 없어도, 즉 특정한 열량을 공급해 주지 않아도 임계 온도에 도달해 한 상태에서 다른 상태로 전이되는 상전이가 있다.

이때 임계 온도에 조금씩 가까워지는 동안 전이가 연속적으로 발생한다고 판단할 수 있다. 이것을 2차 상전이라고 한다.

예를 하나 들어 보자. 실온에서 자기(磁氣)를 띠는 계인 자석은 온도가 증가하면 자성(magnetization)을 상실한다. 전문적으로 표현하면, 자석이 강자성(強磁性, ferromagnetism)에서 상자성(常磁性, paramagnetism)으로 전이되는 것이다. (강자성은 외부 자기장이 없는 상태에서도 물질이 자기를 띠는 것을 말하고, 상자성은 외부 자기장이 있을 때에는 자기를 띠지만 없을 때에는 자기를 잃는 물질의 성질을 말한다. — 옮긴이)

자기를 띤 계, 즉 자기계 안에서 어떤 일이 일어나는지 생각해 보자. 자석의 자기장은 머리 부분이 북쪽을 향하는 나침반과 똑같이, 공간 속에서 방향을 나타내는 화살표로 나타낼 수 있다.

거시적 자기장은 계의 입자 하나하나에 존재하는 '스핀(spin)'이라는 수많은 자기장이 종합되어 나온 것이다. 자석 내 스핀들 사이에 존재하는 상호 작용으로 인해 스핀들이 동일한 방향을 향하게 된다. 작은 화살표들은 수가 아무리 많아도 일제히 같은 방향을 향한다.

자성체에서도 온도 상승으로 상전이가 발생한다. 실제로 자석에 공급되는 열이 스핀의 운동을 증가시키고, 그에 따라 스핀이 방향을 바꿀 수 있게 된다. 이때 스핀들은 무질서해지고 정렬 상태를 잃는 성향을 보인다. 거시적 자기장을 생성하는 스핀의 정렬 상태는 온도 상승으로 계속 혼란스러워지다가 결국 완전히 무질서해진다. 이 경우에도 상전이는 계가 더 질서 있는 단계에서 무질서한 단계로 전이된다고 설명될 수 있다.

1924년 독일 물리학자 에른스트 이징(Ernst Ising)이 학생 시절 박사 학위 논문에서 제시한 모형을 이용하면 추론에 도움이 될 수 있다. 물리학자들은 실제 상태를 파악하기 위해 모형을 만든다. 가능한 한 간단한 설명이 가능한 모형이 좋다. 아마 이 모형보다 더 간단한 것은 거의 없을 것이다. 이징 모형(Ising model)에서 스핀은 그림 1과 같이 위나 아래, 두 방향만 가리킬 수 있고, 다른 방향은 가리키지 못한다.

스핀 사이에 존재하는 힘은 스핀이 같은 방향으로(모두 위, 혹은 모두 아래) 정렬되게끔 하지만, 열 교란(thermal agitation)은 정렬을 흩트려 스핀을 서로 반대 방향으로 마구잡이로 뒤집히게 한다.

강자성 상은 대다수의 스핀이 동일한 방향을 향하는 형태(질서 있는 상)인 반면, 상자성 상은 무작위로 분포된 스핀 중 50퍼센트는 위, 50퍼센트는 아래를 향하는 형태(무질서한 상)로 설

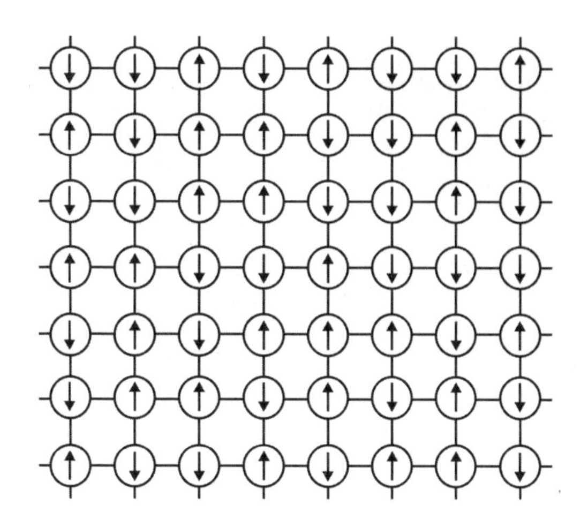

그림 1. 이징 모형의 격자 구조.

명될 수 있다.

이 계는 대칭 차원에서도 설명할 수 있는데, 변형 작용이 특성을 변화시키지 않을 때 계가 대칭이라고 할 수 있다.

'모든 스핀이 역전되는 변형'을 예로 들어 보자. 이 변형이 무질서한 상이나 상자기 상에 적용될 경우에는 아무것도 변하지 않는다. 스핀의 50퍼센트는 위, 50퍼센트는 아래를 향하며 무작위로 분포된 상태도 여전하다. 따라서 계가 대칭인 것이다. 그런데 임계 온도 이하에서는 스핀의 대다수가 한 방향을 가리킨다.

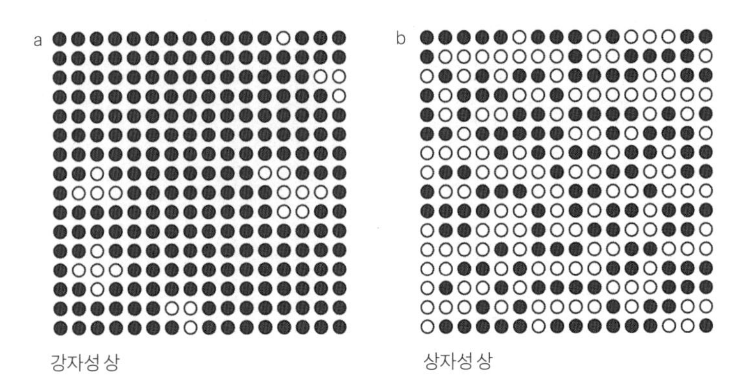

그림 2. 이징 모형으로 보는 상전이 현상. 검은색은 아래쪽을 향한 스핀을, 흰색은 위쪽을 향한 스핀을 나타낸다. 강자성 상에서는 위쪽을 가리키는 스핀(흰색)이 모인 영역이 작고, 아래쪽을 가리키는 스핀(검은색)이 대다수를 차지하고 있다. 상자성 상에서는 스핀이 무작위로 분포되며, 절반은 위, 절반은 아래를 향한다.

(그림 2a와 같이 원의 대부분이 검은색이다.) 이 방향이 역전되면 새로 발생한 거시적 자기장의 방향이 역전된다. (즉 원 대부분이 흰색이 된다.) 따라서 질서 있는 상(ordered phase), 혹은 강자성 상의 경우 스핀의 역전이 자기장을 역전시키기 때문에 원래 상태가 변하지 않는 게 아니다.

이 경우를 가리켜 두 상 간에 '자발적 대칭성 깨짐(spontaneous symmetry breaking)'이 일어났다고 한다. 즉 상자성 상에 존재하는 대칭(스핀의 방향을 모두 뒤집어도 여전히 전체 자성이 0으로 상자성을 유지.)은 계가 강자성 상에 있을 경우 상전이 후에는 존재하지 않게 되는 것이다. 이러한 대칭은 외부의 영향이 없어도 자발적으로 깨진다.

자기 상전이는 2차 상전이 중 하나로 분류되는데, 어떤 변수 하나로 특징지어진다. 자기 상전이의 경우에는 '질서 맺음 변수(order parameter)'라고 불리는 변수가 그 역할을 한다. 이 변수로 계의 질서 있는 상과 무질서한 상(disordered phase)을 구별하고 둘 사이의 상전이를 기술할 수 있다.

처음 보기에는 자성을 띠는 계는 불연속성을 나타내지 않기 때문에 우리가 앞에서 본 물과 같이 간단해 보인다. 그러나 "악마는 디테일에 있다."라는 격언처럼 2차 상전이의 경우 세부 사항이 매우 복잡하다.

자석을 고온 상태로 유지시켜 자기화가 일어나지 않게 하고, 이 자석을 자기장에 둔 후 조금씩 온도를 낮추면 임계 온도에 가까워질수록 계의 자기화가 점점 더 수월해지는 모습을 볼 수 있다. 임계 온도에 도달하면 상전이가 일어나고 자석은 외부 자기장 없이도 자체적인 자기화를 일으키게 된다.

자석 내부에서는 점점 더 큰 강자성 영역이 생긴다. 이처럼 두 상이 공존하는 상황은 연구하기가 아주 복잡하다. (그림 3에

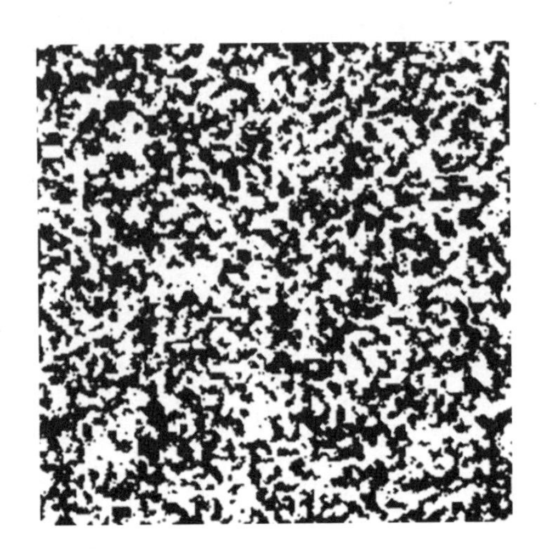

그림 3. 임계 온도에서 자석 모형이 가지는 스핀의 배열. 온도가 낮아질수록 규모가 증가하는 강자성 구조가 발생한다.

도식적으로 설명되어 있다.)

보편성의 부류

흥미로운 사실은 실험 물리학자들이 측정한, 자성을 띠는 계가 보여 주는 패턴이 계를 구성하는 기본 요소 하나하나의 거동에는 큰 영향을 받지 않는다는 점이었다.

미시적 구성 요소 간의 상호 작용과 그 상호 작용에 반응하는 구성 요소의 세부 사항이 다른 자성 물질들을 비교해도 항상 동일한 과정에 따라 임계 온도에서 자성이 사라지는 모습이 관찰된다. 이 과정은 서로 매우 다른 종류의 모든 자성 물질에서 베타(ß)라고 하는 동일한 수치 매개 변수로 나타내는 멱법칙 함수(power-law function)로 설명된다. (멱법칙 함수란 한 수가 다른 수의 거듭제곱으로 표현되는 두 수의 함수적 관계를 말한다. 임계 온도 T_c 부근의 온도 T에서 자성체의 자성 M은 $M \propto (T-T_c)^{\beta}$의 멱함수 꼴을 가진다. 베타와 같은 수를 임계 지수라고 한다. — 옮긴이)

이것은 마치 포뮬러 1 그랑프리에서 자동차들이 경기 중에는 원하는 대로 주행하지만, 마지막 바퀴에서는 모두 같은 방식으로 속도를 줄여 결승선에서 멈춘다는 말과 같다.

놀랍고 예상치 못한 발견이었다. 미시적 세부 사항이 완전히 다른데도 전체적인 거동은 같았으니 말이다. 이러한 결과는 상전이 현상의 '보편성 부류(universality class)' 개념을 만든 미국의 물리학자 리오 카다노프(Leo Kadanoff)가 공식화했다. 베타로 나타낸 값이 동일한 현상은 같은 보편성 부류에 속한다.

이러한 사실은 플라톤의 자연관을 떠올리게 한다. 말하자면 임계 상태에서 일어나는 거동의 보편성 부류의 종류는 상대적으로 적으며, 각각의 실제 계는 그 보편성 부류 중 하나(플라톤의 용어를 사용하자면 이데아)에서 유도할 수 있다고 말이다.

보편성 부류의 구분은 계를 구성하는 기본 요소들의 자유도를 기준으로 한다. 예를 들어 스핀이 크기와 방향을 3차원 공간 안에서 바꿀 수 있는 경우, 2차원 평면 위에서만 바꿀 수 있는 경우, 그리고 크기는 바꾸지 않고 회전을 통해 방향만 바꿀 수 있는 경우 등에 따라 스핀에 허락된 자유도가 달라진다. 말하자면 자유도는 우리가 실험하는 물질의 기본 구성 요소가 얼마나, 그리고 어떻게 움직일 수 있는지에 따라 달라지며, 이러한 자유도에 따라 베타의 값도 달라진다.

1970년대 초 이 문제는 어느 정도 물리학계의 흥미를 끌었다. (잠시 후 구체적인 예를 들어 보겠다.) 베타와 같은 임계 지수를 계산하는 적절한 방법을 찾아 문제를 해결할 수단이 존재한다는 느낌이었다. 그래서 나는 상전이 연구를 시작하면서 답을 금방 찾을 수 있으리라 여겼고, 다음에는 훨씬 더 어려워 보이는 입자 물리학의 미해결 문제에 다시 전념하려 했다.

규모의 불변성

이 연구는 본질적으로 스핀 간의 자기 상호 작용이 강한 계를 다루는 것이었다. 상호 작용은 미시적 수준에서 알려져 있었고, 자기화의 거동이 이러한 세부 사항에 의존하지 않았기 때문에 기존의 미시적 설명에서 시작해 더 이상 미시적 세부 사항을 언급하지 않는 중간 수준에서 계를 설명할 형식을 찾아야 했다. 거시적인 고체와 미시적인 원자의 중간인 이 '중시적(中視的, mesoscopic)' 수준에서는 적은 수의 원자로 이루어진 원자 집단이 이 상에서 저 상으로 전이하는 계의 거동을 연구한다.

계의 시간에 따른 변화는 이러한 거동과 거동의 상호 작용을 연구함으로써 분석할 수 있다. 이 거동은 우리가 계를 분석하기 위해 사용하는 규모와는 무관한데, 곧 알게 될 것이다.

중시적 거동의 기원을 상세하게 파악하기 위한 훌륭한 연구는 이미 있었다. 조반니 요나라시니오(Giovanni Jona-Lasinio)나 카를로 디 카스트로(Carlo Di Castro)가 진행한 연구가 그러했다. 케네스 윌슨(Kenneth Wilson)은 조금 더 근본적으로 접근해 1971년과 1972년에 몇 개의 논문에서 임계 지수를 계산할 수 있게 하는 형식론을 구축하는 방법에 대해 발표했다. 당시 '재규격화 군(renormalization group)'이라 불리던 이 형식론은 1982년에 케네스 윌슨에게 노벨상을 안겨 주었다.

재규격화 군

케네스 윌슨이 2차 상전이를 다루기 위해 제시한 기법이 '재규

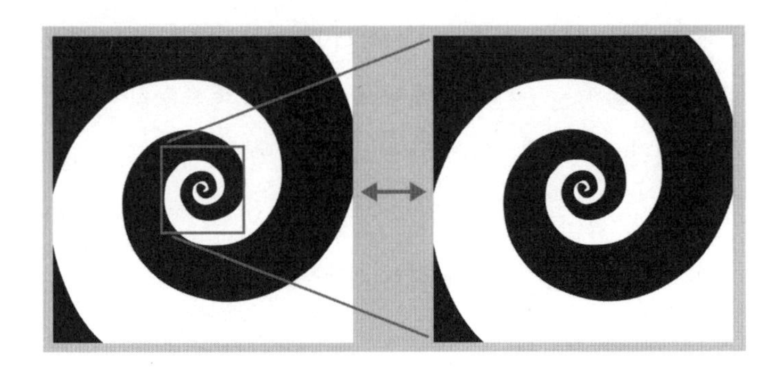

그림 4. 프랙털 그림의 규모 불변성.

격화 군'이라는 이름을 갖게 된 이유를 알려면 그가 사용한 절차에 대한 전체적인 개념을 아는 편이 바람직하다.

중시적 수준에서 계에 대한 설명은 규모나 척도가 바뀌더라도 변하지 않는다. 즉 우리가 관찰하는 결과는 계를 확대해서 보더라도 변화하지 않는다는 것이다.

그림 4를 살펴보자.

오른쪽 그림은 왼쪽 그림의 정사각형 속 이미지를 확대한 것이다. 그림처럼 관찰 규모를 바꾸거나 확대해 본다고 해도 두 계를 구분할 방법은 없다.

다시 그림 3의 도식화된 계로 돌아가자. 이 계의 변동은 규모 인자(scaling factor)를 제외하면 본질적으로 같은 방식으로 작동

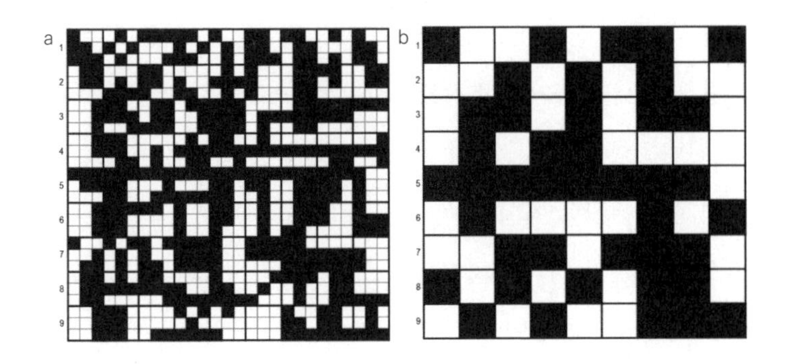

그림 5. 그림 5b는 그림 5a의 사각형 9개를 하나의 사각형으로 봐서 새로 그린 것이다. 3 × 3으로 이뤄진 그림 5a의 작은 사각형 9개 중 다수가 검은색이면 그림 5b에서 그 구획은 검은색 사각형 1개가 되고 반대로 흰색이 더 많으면 흰색 사각형 1개가 된다.

한다. 계를 더 '멀리서' 볼수록(배경까지 넓게 포착하는 광각 렌즈로 본다고 생각해 보자.) 변동이 점점 더 줄어들고, 가까이 다가갈수록(확대할수록) 변동이 더 커질 것이다.

일찍이 리오 카다노프가 도입한 바 있는 이 아이디어는 계를 몇 개의 스핀을 포함하는 사각형으로 나누는 것이다. 예를 들어 그림 5a를 보면 가로세로 3칸짜리(3 × 3) 작은 사각형 하나마다 스핀 9개가 그룹을 이루고 있다. 이 스핀 9개 중 몇 개가 위쪽(검은색)이나 아래쪽(흰색)을 가리키는지 세어 보자. 왼쪽 제일 위에 있는 3 × 3 사각형을 보면 사각형 6개가 검은색이고 3개는 흰색이다. 즉 검은색이 다수다. 방금 우리가 헤아린 이 값을 오른쪽 그림 5b에서 하나의 개체처럼, 즉 하나의 스핀처럼 이용할 것이다. 그림 5b의 왼쪽 제일 위에 있는 사각형은 검은색이 되었다. 다시 말해 그림 5b에서 각 사각형의 스핀을 나타내는 색상은 그림 5a에서 같은 영역을 차지하는 스핀 9개 중 어떤 색이 많으냐에 따라 결정되는 것이다.

요컨대 한 주에서 과반수의 표를 얻은 후보가 그 주의 대표권을 모두 갖는, 미국 대통령 선거와 비슷한 메커니즘이다. 우리는 이 작업을 할 때마다 실제로 규모를 변경해 고려해야 할 변수의 수를 상당히 줄일 수 있다. (그림 5a에서는 왼쪽 위 모서리에 스핀 9개가 있었지만, 이제 그림 5b에서는 같은 위치에 검은색 사각형으로 표시된 스핀 1개만 남았다.)

이 새로운 대표(가장 큰 규모)는 여전히 계를 훌륭하게 대표하고 있다. 우리는 그저 '더 큰 알갱이를 통해' 계를 보게 된 것뿐이다. 윌슨의 이러한 기법은 한 규모에서 다음 규모로 체계적으로 전환할 수 있게 해 주어 '재규격화'라는 이름을 얻었다.

이후 1970년대 초에 자기계의 상전이에 대한 적절한 설명이 나왔고, 나는 다시 입자 물리학 연구에 전념했다.

4장

스핀 유리, 무질서의 도입

인터넷 응용 프로그램에서 가장 흔하게 쓰이는 인공 지능의 대부분이 스핀 유리 이론과 인공 신경망 이론을 바탕으로 한다.

연구자 인생 최고의 성과는 가끔 우연히 이루어지기도 한다. 다른 길로 가려던 참에 마주칠 가능성도 충분히 있다. 내가 바로 그런 경우다. 내가 물리학에 한 공헌 중 가장 크다고 여겨지는 것이 스핀 유리 이론인데, 바로 입자 문제 연구 중에 개발한 것이다.

입자 물리학의 문제 해결에 가장 적절한 수단은 복제 기법(replica method)이라는 특정 수학 기법인 것 같았지만, 당시 내게는 생소한 분야였다. 나는 복제 기법을 주제로 한 현존하는 모든 문헌을 찾아 읽기 시작했다. 복제 기법은 계를 다루는 수학적 방법 중 하나로, 계를 여러 차례 복제한 후 그 복제본들의 행동 양식을 대조하는 것이다. 내 연구 주제와 관련해서는 실질적이고 매우 적합한 방법 같았는데, 문헌 중 하나는 특별한 이유 없이 이 방법이 적합하지 않은 듯한 결과 사례를 보여 주고 있었다.

올바르지 않은 것 같은 수단을 명확하게 정의되지 않은 새로운 문제에 대입하는 것은 좋은 생각이 아니었다. 언제, 그리고 왜 그렇게 되는지 전혀 모르는 상태에서 간혹 북쪽이 아닌 남쪽을 가리키는 나침반을 사용하는 듯한 기분이었다.

그래서 나는 이 방법을 얼마나 신뢰할 수 있을지부터 파악하기로 했다.

때는 1978년 성탄절 직전이었고, 나는 프라스카티 연구소에서 일하고 있었다. 나는 휴가길에 복제 기법이 신뢰할 수 없는 결과를 내놓은 사례를 다룬 논문을 프린트해서 가져갔다.

무질서계(disordered system)와 스핀 유리와 관련된 문제를 다룬 그 논문은 당시 내 연구 분야와는 거리도 아주 먼 데다가 한 번도 다뤄 본 적이 없는 주제였다. 그런데 이때는 복제 기법이 효과가 없는 이유를 알아내는 것이 매우 중요했다. 나는 모형을 연구하면서 모든 계산을 다시 했다. 계산은 맞았지만, 결과가 맞지 않았다. 더 심화할 필요가 있는 모형이었다.

휴가를 끝내고 돌아와 어느 정도 발전을 보이는 연구 몇 가지를 찾았고, 손 닿는 곳에 해결책이 있는 것 같았다. 전보다 개선된 연구부터 문제를 풀어 보면 쉽게 해결되리라 생각했는데, 하면 할수록 문제가 점점 더 어려워졌다.

몇 가지 결과가 맞아떨어지면 다른 것들은 수치 시뮬레이션 값에서 벗어났다. 이론적인 계산 결과가 정답에 가깝지 않다는 징조였다. 아무래도 근본적인 관점의 변화가 필요한 것 같았다.

그렇게 나는 자신도 미처 모르는 새 새로운 연구 분야를 개척하고 있었다. 처음 시작점이었던 입자 문제가 이제는 생각도 나지 않을 정도였다. 내 관심은 완전히 다른 것에 쏠려 있었다.

스핀 유리

스핀 유리는 둘 이상의 원소로 이루어진 일종의 합금으로 구현되는데, 이러한 이름이 붙은 이유는 합금을 형성하는 분자 스핀의 행동 패턴으로 인한 자기 상전이가 마치 우리에게 익숙한 유리창의 유리처럼 이루어지기 때문이다.

스핀 유리를 구현하는 합금은 금이나 은 같은 귀금속에 소량의 철을 섞어 만든다. 고온에서는 일반적인 자기계처럼 행동하지만, 어떤 온도보다 온도가 더 내려가면 유리나 왁스, 혹은 역청(pitch)과 유사한 행동 양식을 보인다. 변화 속도가 점점 느려져

계가 결코 대칭성을 가진 상태에 이를 수 없을 것 같아 보인다.

우리는 학교에서 고체 상태의 물질이 열의 유입으로 유동적인 상태가 된 것이 액체라고 배웠다. 따라서 고온의 유리는 분명히 액체지만, 이 액체가 비정상적인 행동 양식을 보이는 것도 사실이다. 예를 들어 그릇에 녹인 유리(혹은 꿀이나 왁스)를 넣고 뒤집으면 곧바로 바닥에 떨어지지 않고 천천히 그릇에서 쏟아지기 시작한다. 냉각될수록 유리는 더 천천히 떨어진다. 어떤 이유에서인지 계의 움직임이 엄청나게 느려진다.

온도가 낮아짐에 따라 계의 동역학이 매우 느려지는 것은 합금이 보이는 자기화의 거동과 어떤 공통점이 있다. 마치 온도가 내려가면 스핀이 움직일 가능성이 동시에 감소해 대칭성을 가진 상태에 도달할 수 없게 되는 것처럼 말이다.

아까 들었던 예로 돌아가, 승객이 가득 찬 버스를 생각해 보자. 밀도가 상대적으로 낮으면 한 지점에서 다른 지점으로 이동하려는 승객이 다른 승객들을 비켜 움직이게 하면서 지나간다. 이동하려는 승객은 반드시 다른 여러 승객을 연쇄적으로 이동하게 만든다. 공간이 아주 넓을 때는 이 개념이 완벽하게 적용되지만, 밀도가 높아지면 높아질수록 승객들 사이의 공간이 점점 더 감소해 다른 승객들과 부딪힐 수밖에 없게 되고, 결국 움직임이 점점 더 힘들어지다 꼼짝 못하며 갇히게 된다. 영어로는 이를 트래픽 잼(traffic jam, 교통 정체)이라 부른다.

이 현상은 학자들이 연구하지 않을 도리가 없을 정도로 아주 흔했다. (유리나 왁스, 꿀, 송진, 합금 등이 그렇다.) 문제를 풀 가장 좋은 방법은 초반에 이 현상을 재현하는 단순한 모형을 구축하는 것이었다. 이러한 모형을 이용한 단순화 과정을 통해 온도 변화에 따라 동역학적 감속을 일으키는 기본적인 특성이나 상호 작용을 찾을 수 있다. 그런데 유리나 꿀, 왁스, 역청을 비롯해 일부 금속 합금에서 반드시 나타나는 특성과 상호 작용은 물이나 이러한 거동을 보이지 않는 다른 모든 액체에서는 나타나지 않아야 했다.

모형

유리와 같은 물질의 상전이 연구는 실험적 측면에서도 어렵다. 이 문제에 대한 호기심이 어느 정도인지 말하자면, 오스트레일리아에서 진행 중인 독창적인 실험을 예로 들 수 있다. 오스트레일리아 과학자들은 일정한 양의 역청이 아주 약간의 점성을 유지하는 상태가 되도록 온도를 조절해(즉 역청이 계속 움직이고 물방울 형태를 만들 수 있는 상태로) 역청 방울이 떨어지는 주기를 측정했다. 이 실험은 1927년에 시작했는데 떨어진 역청 방울은 2014년이 될 때까지 9개밖에 없었다. 이후로는 내가 더 알아보지 않았지만, 어쨌든 흥미로운 결과가 나오기까지 더 얼마나 걸릴지는 상상하기도 어렵다. (퀸즐랜드 대학교에서 1927년에 시작된 이 실험은 2023년 8월 현재 열 번째 방울이 떨어지기를 여전히 기다리고 있다. 실험 홈페이지(http://thetenthwatch.com/)를 방문하면 현재 역청 실험 상황을 실시간으로 볼 수 있다. — 옮긴이)

유리나 역청 같은 계는 연구하기가 복잡하다. 가장 좋은 방법은 확실히 답을 찾는 데 도움을 줄 수 있도록, 실제 상황보다 훨씬 더 간략한 합성 모형(synthetic model)을 구축하는 것이다.

이 이론 모형이 어떤 모형이며 이론 물리학에서 어떻게 쓰이는지는 보드게임인 모노폴리(Monoploy)를 생각하면 도움이 될지도 모르겠다. 모노폴리 게임을 토지의 위치와 가격, 건설 비용 및 부동산 임대료 등 간단한 몇 가지 규칙만 집어넣으면 되는 일종의 사회 모형이라고 보면 된다. 그리고 여기에 일상에 언제나 존재하는 무작위적 요소, 즉 말의 움직임을 주사위를 던져 결정하거나, 함정에 빠지거나 빠져나오는 것을 정해 주는 '불확실성' 및 '가능성'과 같은 요소들을 추가하면 된다.

간단한 규칙을 따르며 게임을 조금 하고 나면 자본주의 경제의 특성, 다시 말해 돈이 많은 사람이 점점 더 부자가 된다는 사실이 드러나는 것을 알 수 있다.

모노폴리 같은 간단한 게임도 실제 사회의 복잡성을 전부 포함하지는 않더라도 일부 특성은 포착할 수 있다. 마찬가지로 물리학자들이 만든 모형도 실제 계의 모든 복잡성을 포함하지는 못하나 몇 가지 중요한 규칙을 도입해 연구하고자 하는 현상의 주요 특성 중 일부를 재현하리라 기대할 수 있다.

일단 모형을 구축하고 그 작용을 설명하는 규칙을 입력한 후에는 시간에 따른 계의 변화를 살펴볼 수 있다. 즉 우리만의 모노폴리 게임을 시작하는 셈이다. 실제보다 간략하게 단순화해 만든 모형의 온도를 높이거나 낮추어 계의 상전이를 컴퓨터에서 시뮬레이션하는 것이다.

우리 모형은 시간이 흐르면서 몇 가지 결과를 낳는다. 모노폴리라면 '돈이 많은 사람일수록 점점 더 부자가 된다.'라는 결과를 낳을 테고, 이징 모형의 경우 강자성 상이 온도에 따라 나타나거나 사라질 것이다.

일단 시뮬레이션 결과를 얻은 다음에는 이론 개발을 위한 작업을 한다. 우리가 만든 합성 모형의 규칙과 초기 결과로부터 시작해 시뮬레이션의 결과를 재현하는 수학 구조를 개발하기 시작한다. 오늘날의 실험실에는 이제 자석이나 회로, 용광로 같은 것들이 없다. 대신 컴퓨터가 있는데, 컴퓨터의 용도는 현실의 합금이 아니라 우리 모형의 기능을 재현하는 것이다.

이 작업에 성공한다면 그다음 순서는 우리가 발견한 이론이 실질적인 경우, 즉 금속 합금이나 유리, 왁스를 비롯한 수많은 다른 계에 어떻게 적용할 수 있는지 열심히 파악하는 것이다.

스핀 유리 모형

앞 장에서 살펴본 이징 모형에서 스핀 간의 힘은 낮은 온도에서 동일한 방향으로, 즉 모두 위쪽으로 혹은 모두 아래쪽으로 스핀을 정렬시키는 경향을 만들었다.

반면 스핀 유리 모형에서는 일부 스핀 짝들 사이에 작용하는 힘이 두 스핀을 서로 반대 방향으로 향하도록 하는 경향이 있으며, 이것이 상황을 복잡하게 한다.

실질적인 예를 살펴보자. 살다 보면 자신의 목적이 다른 사람들의 그것과 충돌할 때가 종종 있다는 사실은 어렵지 않게 알 수 있다. 그래서 우리는 추구하는 바를 포기할 수밖에 없다. 예를 들어 내가 비앙키라는 사람, 또 로시라는 사람과 친구가 되고 싶은데 안타깝게도 이 둘이 서로를 증오한다면 그들과 동시에

친한 사이가 되기는 어렵다. 이 상황은 그 자체만으로도 좌절을 주는데, 참여하는 개인이 많아지면 훨씬 더 복잡해진다.

이런 비극도 한번 생각해 보자. 어떤 두 집단 간에 싸움이 벌어졌다. 주인공들은 어느 편에 설지 선택해야 한다. 게다가 이들은 서로 호감이나 반감이 있다. (이것이 바로 비극이다!) 우리는 단순하게 이 호감이나 반감의 감정을 상호적이라고 가정할 것이다. (현재는 감정이 상호적이지 않은 상황도 다루는 방법이 개발된 상태다.)

이 비극의 주인공을 안나와 베아트리체, 카를로, 세 사람이라고 가정해 보자. 세 사람 모두 서로에게 호감이 있다면 아무 문제 없고 다 같은 편을 선택할 것이다. 셋 중 두 사람이 서로 호감을 갖고 있고, 이들이 세 번째 사람에게 반감을 품은 상황도 해결책은 간단하다. 이 경우 서로 호감을 느끼는 커플이 한 편을, 나머지 한 사람은 다른 편을 선택하면 된다. 그러나 세 사람 모두 서로에게 반감을 보인다면 어떻게 될까? 서로 반감을 느끼는 두 사람이 같은 편에 속해야 한다면 이러지도 못하고 저러지도 못한 채 쩔쩔매게 될 것이다.

세 사람의 쩔쩔맴(frustration)이 매우 클 경우, 분명 상황이 불안정해지고 누군가는 쩔쩔맴이 전체적으로 줄어든 상태를 찾으

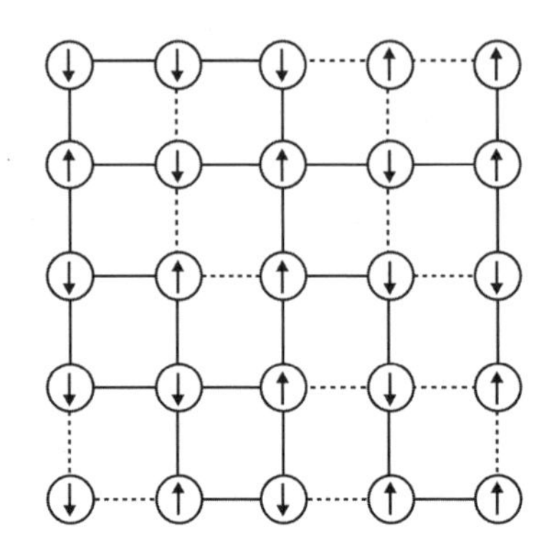

그림 6. 스핀 유리 모형. 점선으로 연결된 두 스핀은 낮은 온도에서는 서로 반대 방향으로 정렬하려 하지만, 실선으로 연결된 두 스핀은 같은 방향으로 정렬하려 한다.

려 다른 편을 선택할지도 모른다. 우리는 쩔쩔매고 있는 3인조의 수를 전체 3인조의 수로 나눈 값을 '극적 긴장감'으로 정의할 수 있다.

이 극적 긴장감은 셰익스피어의 비극과 같이 극 초반에는 상당히 낮지만, 공연 중반 무렵에는 최대에 도달했다가 결말로 가면서 감소하는 것이 물리학 모형에 대한 세부 연구를 통해 밝혀졌다.

그림 6을 보자. 이 스핀 유리 도식은 트리오 구성은 아니다. 일단 스핀이 정사각형 격자에 있고, 모든 스핀은 위쪽이나 아래

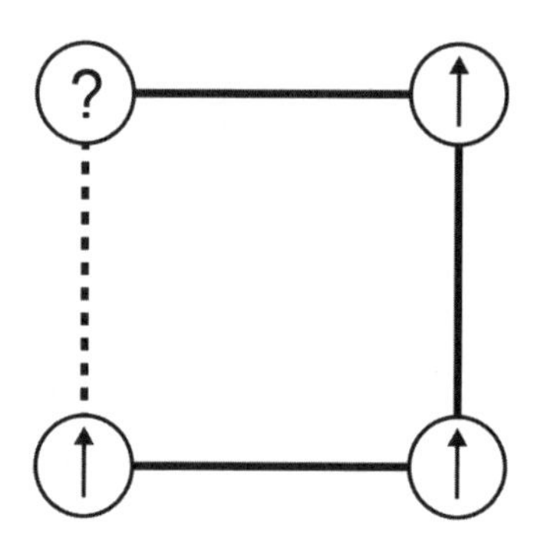

그림 7. 실선으로 나타낸 세 관계는 강자성이며, 점선으로 나타낸 관계는 반강자성이다.

쪽만 향할 수 있다. (이 밖의 다른 방향은 금지된다.) 앞에서 '호감 관계'라고 정의한 것은 여기에서는 '강자성 관계'라고 부른다. 이것은 스핀을 동일한 방향으로 정렬하려는 힘으로, 그림 6에서 실선으로 나타냈다. 반면 '반감 관계'는 '반강자성 관계'로 점선으로 나타냈으며 스핀들을 반대 방향으로 정렬하려는 힘이다. 이 경우에도 쩔쩔맴의 상황이 만들어진다. 그림 7을 예로 들어 보자.

이때 왼쪽 위 스핀은 아래에 있는 스핀과 반강자성 관계이며 오른쪽 스핀과는 강자성 관계이므로, 둘 중 하나만 만족할 수 있고 위나 아래 중 어느 쪽으로 정렬될지 알 수 없다.

스핀 유리의 첫 모형은 새뮤얼 에드워즈(Samuel Edwards)와 필립 워런 앤더슨이 고안했지만, 가장 간단한 모형은 1975년에 데이비드 셰링턴(David Sherrington)과 스콧 커크패트릭(Scott Kirkpatric)이 정립했다.

다시 내 문제로 돌아와 보자. 셰링턴과 커크패트릭 모형에서 설명한 스핀 유리 계의 물리적 성질을 계산하기 위해 복제 기법을 사용하면 몇 가지 불일치를 발견할 수 있다. 예를 들어 엔트로피 계산을 이용하면 음수 값이 나오는데, 모든 물리계에서 엔트로피가 그 정의상 양수라는 점을 고려하면 이는 불가능한 일이다. 계의 엔트로피 계산에서 음수 값이 나오면(있을 수는 있지만, 우리 모두 확인한 바에 따르면 가능한 일은 아니다.) 계산이 잘못되었거나 어느 부분에서인가 개념적인 오류가 있다는 뜻이다. (이 절에서 나온 쩔쩔맴(frustration)은 복잡계 물리학에서 스핀 유리의 성질을 결정하는 요소 중 하나를 가리키는 전문 용어이기도 하다. — 옮긴이)

해결 방안 연구

내가 초반에 범한 개념적인 오류는 두 가지였다. 첫 번째는 기술적인 오류였는데, 너무 어려운 내용이라 이런 연구에 종사하는 사람이 아니면 알아듣기 힘들다. 그러나 어쨌든 잘못된 수학적 가정과 관련된 것이었다.

두 번째는 물리적 오류로, 내가 연구하던 현상의 특징을 모르고 있었다는 점 때문에 발생한 오류였다. (그래서 수학적 답에 대한 물리학적 의미를 파악하는 데 3년이 넘는 시간이 걸렸다.)

나는 1979년 이 문제를 주제로 쓴 첫 번째 논문에서 이 문제를 부분적으로 해결하는 데 일정한 논리 구조를 사용할 수 있다는 사실을 증명했다. 그리고 마지막에 "이 방법을 일반화하면 완전한 해법에 도달할 수 있다."라는 설명을 의기양양하게 덧붙였다.

과학 논문이 항상 그렇듯 내 논문도 발행 전에 '동료 심사(peer review)', 즉 이 연구가 발표될 가치가 있는지 없는지 판단할 동료에게 보내졌다. 그의 평가는 대략 '파리시가 한 연구는 절대 이해할 수 없다. 그러나 방정식이 수치 시뮬레이션에 따른 결과와 일치하므로, 이 논문은 출판될 수 있다. 다만 아주 복잡한 경우에서 접근법의 일반화에 관한 내용을 다룬 부분은 유효하지 않다.'라는 것이었다. 그렇게 내 논문은 학술지에 실렸지만 논문의 마지막 부분은 삭제되었다.

이 일화의 이면에는 실제로 내가 무엇을 하고 있는지 모른다는 진실이 감춰져 있었다. 나는 이 문제를 처리할 규칙 몇 가지를 찾았고, 결국 일련의 과정을 거친 후 의미 있는 방정식이 나왔다. 중요한 것은 이 방정식에서 얻어진 결과가 수치 시뮬레이션의 결과와 일치했고, 양수 엔트로피값도 나왔다는 사실이다.

그런데 '계산 중'에 무슨 일이 일어났는지를 알 수 없었다. 마치 캄캄한 터널 한쪽 입구로 들어갔다가 다른 쪽으로 나온 것 같은 느낌이었다. 다음 논문에서 나는 이론과 시뮬레이션 결과의 일치를 통해 이 이론이 의미가 있을 수 있지만, 여전히 모호하다는 내용을 발표했다.

사실 내가 이해하지 못한 물리적 사실은 물리학자들이 질서 맺음 변수라고 부르는 것과 관련되어 있었다. 앞에서 본 바와 같이 계의 상전이는 일반적으로 질서 맺음 변수의 변화로 특징지어진다. 예를 들어 액체와 기체 사이의 상전이를 연구하기 위한 질서 맺음 변수는 밀도다. 자기 상전이의 경우, 연구해야 할 질서 맺음 변수는 자기화량(magnetization)이 된다. 밀도나 자기화량 같이 물리적 의미를 아주 이해하기 쉽게 다양한 수치로 보여 주는 이러한 질서 맺음 변수들은 상전이가 일어날 때 그 값이 변하게 된다.

놀랍게도 내가 스핀 유리 계산에서 얻은 결과에서는, 질서 맺음 변수가 더는 상전이 중에 값이 변하는 단순한 숫자가 아니었다. 상전이 중 변경되는 것은 함수였다. 상전이를 설명하는 데 단 하나의 점으로는 부족했고, 하나의 숫자가 아닌 무한한 수로 구성된 함수를 사용해야 했다.

이 함수는 물리적으로 무엇을 나타낼까? 상전이에 대한 질서 맺음 변수로 숫자 대신 함수를 사용하는 것은 복제 기법을 채택하기 위한 분수령과 같은 것이었다. 질서 맺음 변수가 단일한 숫자일 때 복제 기법을 적용하면 터무니없는 결과를 나타냈다. 반면 질서 맺음 변수가 함수면, 즉 무한한 숫자의 집합이면(선을 무한한 점의 모임으로 볼 수 있는 것과 마찬가지다.) 복제 기법에서 일관된 결과를 나타냈다.

계의 상전이를 설명하려면 무한한 질서 맺음 변수(함수)가 있어야 할 필요성과 관련된, 물리적으로 심오한 의미가 분명히 존재해야 했다. 하지만 당시 나는 그러한 의미를 전혀 이해할 수 없었다.

이상한 수학

물리학으로 가기 전에 수학적 관점에서 어떤 수정이 필요했는지 살펴보자. 복제 기법을 적용하려면 기존의 적용 범위를 확장해야 했다. 수학적 방법의 확장 가능성은 이미 있던 개념을 기초로 한다. 이 개념을 처음 사용한 사람은 14세기 중반 프랑스에서 살던 주교이자 수학자, 물리학자, 경제학자인 니콜 오렘(Nicole

Oresme)일 것이다.

니콜 오렘은 굉장한 인물이었고, 교과서에 적힌 것처럼 중세가 그렇게 암흑기는 아니었다는 점을 보여 주는 산증인이다. 그의 능력이 얼마나 대단했는지 알려주는 수많은 일화가 있지만, 그중 대기의 굴절로 인한 별 위치의 왜곡을 다룬 책을 쓴 일을 예로 들 수 있다. (무려 1360년 무렵이었다!) 물론 나는 라틴 어로 쓴 그 책을 다 읽어 보지는 못했지만……. 어쨌든 개념적 관점에서 그의 추론이 맞았다. 그는 석양 무렵 수평선으로 넘어가는 태양을 관찰하면서 아이디어를 얻었을 것이고, 여기서 왜곡이 있으리라는 징후를 발견했을 것이다. 별의 겉보기 위치가 2, 3도 정도 틀려도 큰 문제가 생기기 때문에 대기의 굴절로 인해 생기는 왜곡을 정확하게 계산하는 것은 아주 중요했다.

원래 이야기로 돌아가서, 오렘은 2분의 1제곱을 구하는 것은 곧 제곱근을 알아 내는 것과 동일하다는 사실을 처음으로 깨달은 사람이다. 지금은 이 공식이 별거 아닌 듯 고등학교 때부터 배우지만, 오렘이 당시까지 정수에만 한정되어 있던 거듭제곱의 속성을 분수로 확장하는 논리적 비약을 끌어냈다는 사실은 잘 알려져 있지 않다.

수를 거듭제곱하는 개념은 아주 간단하다. 수의 제곱은 해당 수를 두 번 취해 곱한 값을 의미한다. 3제곱하려면 해당 수를 세 번 취해 곱한 값을 구하면 된다. 따라서 2분의 1제곱이란 분명 말이 안 되는 연산처럼 보일 것이다. 어떤 수를 '반 번 제곱한다.'라는 말이 말이 될까? 오렘의 아이디어는 거듭제곱의 특성을 확대하는 것이었다. 거듭제곱한 수를 거듭제곱하고자 할 경우, 지수를 곱하면 된다. 예를 들어 4의 3제곱은 2의 6제곱과 같다는 것이다. ($4^3 = (2^2)^3 = 2^6 = 64$)

만약 2분의 1제곱한 수를 다시 제곱해 원래 수를 얻을 수 있다면($\frac{1}{2} \times 2 = 1$이므로), 2분의 1제곱은 제곱근을 구하는 것과 같다. 실제로 제곱한 수의 제곱근을 구하면 원래의 수다.

수를 반 번 제곱한다는 말에는 의미가 없으므로 이러한 속성은 공식을 통해 도출한 것이다. 그런데 일반화된 공식은 늘 일관된 결과가 나온다. 니콜 오렘은 즉각적이고 직관적인 이해라는 원래의 관점과는 멀어졌으나, 거듭제곱 공식이라는 수학적 형식의 특성을 살림으로써 복잡한 연산 작업도 해결할 수 있는 매우 간단한 방법을 얻었다. 니콜 오렘 이후로 수학은 형식적으로 올바른 방법을 새로운 조건에 확장 적용함으로써 발전할 수 있었다. 기존 공식이나 방법, 개념 등의 적용 범위를 확장하는 것이다.

나는 내 문제 해결에도 비슷한 방법을 사용했다. 내가 사용하는 수학적 형식의 성질이 원래 문제의 핵심은 아니더라도 유효하기를 바라며 문제의 핵심을 해결하는 방법을 개발하고 검증하는 데 기존의 수학적 기법을 형식적으로 적용했던 것이다.

내 아이디어는 조합론(combinatorial analysis)을 확장하는 것이었다. 조합론의 경우 상자 5개에 물체 10개를 2개씩 넣어 정리하는 방법이 몇 가지인지 알 수 있게 해 준다. 이것을 확장하면 동일한 방정식을 이용해 물체 5개를 상자 10개에 정리하는 방법, 즉 상자 각각에 물체의 '절반씩' 정리하는 방법이 몇 가지인지 알아낼 수 있다. 물론 알아낸다 해도 큰 의미는 없다. 실제로 그 일을 할 수가 없기 때문이다. 심지어 상자 안에 물체가 $\frac{1}{2}$개 있다고 해야 한다. 그러나 실제로 존재하는 사물과 관련된 통상적인 해를 얻으려면 이렇게 가상의 대상을 상정한 과정을 거쳐야 했다. 즉 상자에는 물체의 절반이 담겨 있고, 물체의 총수는 정수가 아니며, 상자 안에 완전체가 아닌 사물을 넣는 방법의 총 가짓수가 정수가 아니라는 가정을 하는 것이다!

이러한 과정에서 시작했기 때문에 내 아이디어는 물체를 절반으로 나눈 후 다시 반으로, 또 반으로 나누어 상자 안 물체의 개수가 점점 0으로 수렴하는 수학적인 극한(limit)을 생각하는 것이었다. 분명 물리적 의미는 거의 없는 완전히 수학적인 과정이었지만, 이는 시뮬레이션 결과와 일치하는 올바른 결과를 이끌어냈다.

그러나 두 가지 문제가 여전히 해결되지 않고 남아 있었다. 유사한 작업이 수학적으로 의미가 있음을 증명하고, 질서 맺음 변수가 변수만이 아니라 함수로도 설명이 된다는 사실의 의미를 물리적으로 파악하는 것이었다.

물리적 해석

몇 년 후 복제 기법에 대한 수학 용어가 훨씬 더 잘 이해되는 통계 물리학의 언어로 해석되었다. 물론 공식은 훨씬 더 지루하지만 말이다. 나는 마르크 메자르(Marc Mézard), 니콜라 소울라스(Nicola Sourlas), 제라르 툴루즈(Gérard Toulouse), 미겔 비라소로 같은 친구들과 몇 가지 단서를 이용해 모든 무질서계에서 공통된 특성으로 나타나는 결과의 물리적 의미를 파악하는 데 성공했다. 무질서계는 매우 다양한 평형 상태에서 동시에 발견되었다. 사실 이것은 전혀 예상치 못한 발견이었다.

그림 8과 같이 계는 그림에 그려진 선을 따라가는 여러 상태 중 한 상태에 놓일 수 있다. (예를 들면, A, B, C, D가 표시된 점 4개는

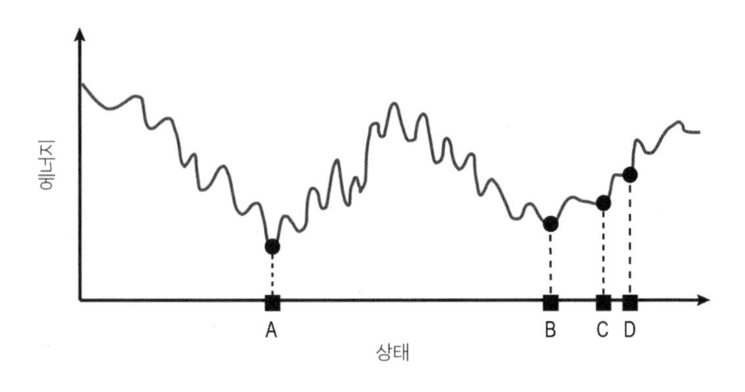

그림 8. 낮은 온도에서 계는 선으로 표시된 다양한 상태 중 한 상태가 될 수 있다.

계가 위치할 수많은 가능성 중 4개를 나타낸다.) 계의 상태는 다양한 에너지를 가지며 계가 평형 상태에 도달하는 에너지 극솟값(점)은 여럿 있다. A로 표시된 상태는 B 상태와 마찬가지로 계가 주변의 영역 안에서 가장 낮은 지점에 있다. C와 D 상태에서는 계가 약간 얕은 구멍에 있지만(즉 계의 온도를 높이지 않으면 나오지 않는 평형 상태에 있지만) 바닥의 높이가 B보다 높다.

그리고 이 그래프에서는 2개의 깊은 계곡(A 주위의 영역과 B 주위의 영역)과 그 안에 있는 작은 함몰 영역이 많이 보인다.

이제 이 함몰 영역들을 묶어 M 영역과 N 영역으로 부르자. (그림 9) 계가 냉각되어 N 영역의 상태일 때(예를 들어 B나 C나 D 중

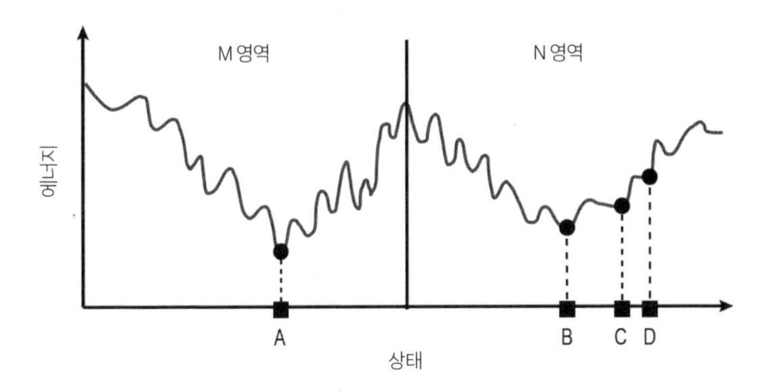

그림 9. 계의 상태가 변화할 수 있는 넓고 깊은 두 영역.

한 상태일 때) 온도 상승이 너무 크지 않으면 온도가 상승해도 해당 영역에 머무르려는 경향을 보인다. 계는 한 영역 안에서, 즉 계가 거쳐 온 역사에서 선택된 배열들의 집합 안에 머물거나, 낮은 온도에서 계 자체가 발견될 가능성이 큰 영역으로 이동할 수도 있다.

보통 물리계는 하나의 상태에만 놓인다. 예를 들어 특정 온도와 압력에서 물은 액체거나 고체, 혹은 기체다. 특별한 경우에는 계가 두 가지 상태 또는 상에 놓일 수 있다. 섭씨 100도에서 물은 액체상과 기체상에 동시에 놓일 수 있다. 또한 물이 동시에 고체, 액체, 기체 상태에 놓이는 압력과 온도 값도 하나 존재한다. 그 유명한 물의 삼중점(triple point)으로, 괜히 유명한 게 아니다. 일반적으로 계는 하나의 상에 놓인다. 반면 낮은 온도의 무질서계는 동시에 매우 다양한 상에 놓일 수 있다. 이것이 바로 질서 맺음 변수가 함수가 된다는, 즉 무한한 값의 집합이 된다는 뜻이다.

이를 파악한 것은 물리학에서 진정한 일보 전진이었다. 합성 모형의 구축과 그 해 덕분에 우리는 존재하는지조차 몰랐던 현상을 알아낼 수 있었다. 우리는 무질서계의 세계로 향하는 문을 활짝 열었다.

물리학적 해석에서 시작해 수학으로 해석하는 데 성공한 것이다. 이렇게 수학으로 증명하기까지 20년 넘는 세월이 흘렀고, 프란체스코 게라(Francesco Guerra)를 비롯한 협력자들의 연구가 문제의 열쇠를 찾는 핵심이 되었다. 증명에 사용된 논거가 단순하다는 점이 정말 놀라웠는데, 돌이켜 보면 모든 길이 명확했던 것 같다.

모형에서 현실로

스핀 유리에서 찾은 해법은 진짜 유리, 그러니까 창문 같은 데 쓰이지만 그 거동과 관련해서는 완전히 파악하지 못하고 있는 대상에 대한 연구의 좋은 출발점이 된다. 나는 1990년대 중반부터 유리의 상전이에 대한 모든 측면을 이해하게 해 줄 설명을 찾는 연구를 가끔 하고 있다.

스핀 유리와 마찬가지로 실제 유리도 무질서계다. 무질서한 이유는 유리가 규소(silicone)로만 만들어진 것이 아니라 다양한 크기와 유형을 지닌 수많은 분자로 이루어진 불순물을 포함하고 있기 때문이다. 결정이 되려면 규칙적인 구조가 필요하므로, 불순물을 많이 함유한 유리는 결정이 아니다. 앞에서 본 것처럼 스핀 유리라고 하는 금속 합금의 무질서는 합금 내부에 있는 철 원자들의 배치가 무작위적이기 때문이다. 금속이 액체 상태일 때 철 원자들은 합금 속에서 자유롭게 이동할 수 있지만, 냉각될수록 점점 움직일 수 없게 되고 임의의 위치에 갇히게 된다.

우리가 실제 과정을 구체적으로 파악해 보려 노력 중인 지금으로서는 이 전부가 지독하게 복잡해 보인다. 하지만 언젠가 연구가 끝나면 간단한 것으로 밝혀질 수 있다. 책으로 물리학 이론이나 수학 정리를 공부할 때는 모든 것이 명확해 보인다. 결과를 얻기 위해 필요했던 복잡한 작업과 고군분투는 깨끗이 생략되고 결과만 보여 주기 때문이다.

우리가 해결해야 할 또 다른 흥미로운 문제는 앞에서 설명한 스핀 유리 모형 같은 도식적 모형(schematic model)을 더 현실적인 모형으로 전환하는 것이다. 예컨대 스핀 사이에 작용하는 힘을 스핀 사이의 거리를 염두에 두며 최대한 상세하게 설명하는 모형을 만드는 것이다. 상전이는 분명한 공간적 위치가 주어진 많은 구성 요소 사이의 상호 작용을 통해 일어난다. 이전에 논의된 간략화한 모형에서는 고려되지 않은 내용이다.

간략화된 모형은 공간적 구조만 빠트린 것이 아니라 시간에 따른 변화도 고려하지 않았다. 통계 역학 기술은 계가 평형 상태일 때, 즉 시간이 흘러도 안정적인 상태가 변함없이 유지될 때 사용하기에 '용이'하다. 유리나 왁스와 같은 무질서계의 경우, 평형 상태에 도달하기까지 소요되는 시간이 대체로 아주 길다. 수년, 혹은 수세기가 걸릴 수도 있다. 평형 상태에 도달하는 시간이 아주 긴 것은 강도를 높이기 위해 산업 기술이 사용된 우리집 창문 유리도 마찬가지다.

물리적 과정이 평형 상태가 아닐 때는 이전과 이후를 항상 구분할 수 있기 때문에 시간 감각이 존재하지만, 평형 상태의 계에서는 그렇지 않다. 쉽게 설명하자면, 공이 안정적인 평형 상태, 즉 계곡 바닥에 정지한 상태일 때에는 이 장면을 사진으로 찍어도 그 어떤 변화의 징후도 포착할 수 없기 때문에 촬영한 순서대로 사진을 배치할 수 없을 것이다. 그러나 공이 아래로 구르는 사진을 찍으면 상황이 달라진다. 평형이 아닌 상태에서는 시간 순서가 명확하기 때문이다.

따라서 시간에 따른 변화를 허락하는 비평형 상태를 설명할 수 있도록 이론을 확장해야 한다. 또한 인접한 구성 요소 사이에만 상호 작용이 존재하도록 공간적 구조를 고려하며 이론을 확장할 필요도 있다. 이것은 유리의 상전이를 완전히 이해하려면 아직 할 일이 상당히 많다는 사실을 의미한다.

시야 넓히기

내 출발점은 물리학의 입자 문제를 해결하는 데 도움이 될 만한 수학 기법을 확인해 보려는 것이었다. (복제 기법의 기본 버전이 입자 문제에 잘 맞았던 것도 동기가 되었다.) 결과적으로는 통계 물리학의 스핀 유리같이 무질서계와 관련된 문제처럼 명확하게 서로 연관성이 없더라도 광범위한 문제들을 해결하는 데 매우 효과적이고 유용한 수학적, 개념적 수단을 손에 쥐게 되었다.

실제 세상은 무질서하고, 초반에 언급한 것처럼, 현실에서 일어나는 많은 현상들은 서로 상호 작용하는 수많은 구성 요소를 통해 설명할 수 있다. 구성 요소 사이의 상호 작용은 간단한 규칙의 형태로 표시할 수 있지만, 상호 작용을 통해 만들어지는 전체가 보여 주는 집단 행동의 결과는 정말이지 예측하기가 어렵다.

기본적 행위자는 스핀이나 원자, 분자, 신경 세포(neuron), 그리고 일반 세포이지만, 웹사이트나 주식 중개인, 주식과 채권, 사람, 동물, 생태계 구성 요소 등도 포함된다.

모든 기본적 행위자 간의 상호 작용에서 무질서계가 만들어지는 것은 아니다. 무질서는 어떤 기본적 행위자가 다른 행위자들과 다른 방식으로 행동한다는 사실에서 온다. 역방향으로 정렬하려는 스핀도 있고, 대다수의 원자와 다르게 움직이는 원자도 있으며, 다른 사람이 사는 주식을 파는 금융 투자자도 있고, 저녁 식사에 초대받았지만 누군가 다른 손님에게 반감을 품고 멀리 떨어져 앉고 싶어하는 사람이 있을 수도 있다.

내가 찾은 수학적, 개념적 수단은 이러한 모든 무질서 문제를 해결하는 데 반드시 필요하다. 예를 들어 우리는 최근 상자 하나에 다양한 크기의 고체 구를 최대한 많이 넣는 문제를 풀면서 중요한 결과를 이끌어 냈다. 이는 액체와 결정체, 콜로이드, 과립, 분말로 이루어진 계의 모형을 구축하는 데 사용할 수 있기 때문에 매우 중요한 문제였다. 게다가 고체 구의 '포장

(packaging)'은 정보 이론과 최적화 이론이라는 중요한 문제와 관련이 있다.

거인의 어깨 위에서

자연을 조사하는 아주 강력한 수단, 즉 현상을 단순화하는 방법을 처음으로 찾은 사람은 갈릴레오 갈릴레이(Galileo Galilei)였다. 그는 마찰을 완전히 무시하는 이론을 세웠는데, 마찰이 없는 세상에서 우리는 걸을 수도, 먹을 수도 없다. (걷다가 미끄러지거나 음식이 수저나 포크에서 떨어질 것이다.) 현대 물리학을 열어젖힌 갈릴레오의 세상은 현실 세계와는 완전히 다르다. 이후 수세기가 지나면서 현실을 보다 충실하게 설명하기 위해 다른 요소들이 추가되었고 지금은 현실과 매우 근접한 수준에 이르렀다. 이러한 관점은 에반젤리스타 토리첼리(Evangelista Torricelli)의 서신에 적힌, 물체의 움직임에 대한 적절한 표현에서 잘 나타나 있다.

> 운동의 교리에 대한 원리가 참인지 거짓인지는 제게 거의 중요치 않습니다. 그 원리가 사실이 아니라 해도 우리가 가정한 대로 사실로 확인된 척하고 그 원리에서 파생되는 다른 모든 추측을 혼합된 것이 아니라 순수하게 기하학적이라고 받아들이기 때문입니다. 저는 어떤 물체나

> 지점이 이미 알려진 비율에 균등한 움직임으로 수평으로 그리고 위아래로 움직인다고(현대적 표현으로 번역하자면 '대기의 마찰 없이 움직인다.'라고) 가장하거나 가정합니다. 이것이 실제라면 갈릴레오가 말했고 저도 말한 적이 있는 그 모든 것이 뒤따를 것입니다. 만약 납과 철, 돌로 된 공이 그 예상된 비율을 지키지 않으면 그것은 좋지 않습니다. 그런 경우에 우리는 그 공에 대해 이야기하지 않겠다고 말할 것입니다.

그러나 숙련된 실험 물리학자이기도 했던 토리첼리에게는 마찰이 없는 상태에서 물체의 움직임을 파악하는 일은 마찰이 있는 상태를 이해하기 위한 사전 단계이며 의무적으로 거쳐야 하는 과정임이 분명했다.

인간은 물리 현상을 본질적인 것으로 전환시키는 능력에서 출발해 지난 수세기 동안 물리학을 발전시켰다. 이제 물리학은 갈릴레오가 제외할 수밖에 없었던 복잡성과 무질서를 다시 모형에 도입할 수 있을 정도로 강력하고 풍요로워졌다.

5장

과학과 은유

신경 세포 하나는 기억을 구성하지 못하지만, 수많은 신경 세포가 모이면 가능하다. 벽돌도 마찬가지다. 벽돌 하나에 대한 과학과 많은 벽돌로 이루어진 건물에 대한 건축학은 다른 문제다.

과학은 실험적 증명과 분석적 증명, 그리고 정리(定理)를 바탕으로 한다. 그러나 과학을 구성하는 기초에는 수없이 많은 직관적 추론이 있다. 예술이나 다른 많은 인간의 활동과 마찬가지로 과학에서도 처음에는 직관으로 시작하고 확실성은 나중에 얻게 된다. 대표적인 예가 두 가지 있다.

엔리코 페르미와 동료들이 속도가 느려진 중성자들이 여러 원소의 방사성 변환을 유도하는 데 훨씬 더 효율적이라는 사실을 발견할 때, 그 계기는 실험 초반에 중성자 차폐 역할을 했던 납 벽돌을 파라핀 벽돌로 교체한 것이었다. 엔리코 페르미가 별생각 없이 충동적으로 저지른 일인데, 벽돌 하나를 바꾼 결과 가이거 계수기(Geiger counter)에서 나타나는 신호가 엄청나게(100배 이상) 증가했다. 아말디와 부르노 폰테코르보(Bruno Pontecorvo), 프랑코 라세티(Franco Rasetti), 에밀리오 세그레(Emilio Segrè)는 떡 벌린 입을 다물지 못했다. 페르미는 파라핀이 중성자의 속도를 늦추었고, 느린 중성자가 빠른 중성자보다 훨씬 더 효율적일 것이라고 아주 간략하게 설명했다. 아말디가 "어떻게 납 대신 파라핀을 넣을 생각을 했죠?"라고 묻자 페르미는 "내 뛰어난 직관 덕분이었지."라고 대답했다.

나와 린체이 아카데미(Accademia dei Lincei, 1603년에 설립된 이탈리아의 과학 기관. — 옮긴이)에서 알게 된 동료 클라우디오 프로체시(Claudio Procesi)는 훌륭한 수학자와 못난 수학자의 차이에 대해 말하면서 좋은 수학자는 어떤 수학적 명제가 참이고 거짓인지 금방 알아내지만, 못난 수학자는 어떤 것이 참이고 거짓인지 알아내기 위해 증명할 방법을 찾아야 한다고 주장했다.

이 두 가지 예에서 보듯 직관은 상당히 중요하다. 우리가 사용하는 직관이라는 도구는 형식 논리보다 훨씬 뛰어나고, 과학적 진보의 기초가 된 직관적 추론을 조사하는 일은 정말 흥미롭다. 예를 들어 동일한 역사적 시기에 서로 다른 학문 사이에서 이미지나 개념을 전달하는 데 결정적인 역할을 하는 은유가 그러하다.

어느 역사적 시기를 주의 깊게 살펴보면 그 무렵의 시대 정신이 존재한다는 사실을 알 수 있다. 예컨대 생물학이나 물리학 같은 다양한 과학 분야에서뿐만 아니라, 음악, 문학, 미술과 과학 사이에서도 일치하거나 비슷한 점을 발견할 때가 종종 있다. 20세기 초 어떤 종류의 합리주의에서 위기가 발생하고 미술과 문학, 음악, 물리학, 심리학 등의 분야에서 동시에 변화가 일어났던 것만 생각해 봐도 알 수 있을 것이다. 이 모든 학문이 관련이 없더라도 서로 소통은 할 수 있으므로, 은유가 이들 사이에서 공통된다는 느낌을 형성하는 데 중요한 역할을 한다고 보는 편이 합리적이다.

불행하게도 대개 과학, 그중에서도 경성 과학(hard science)에서는 결과를 얻기 위해 필요했던 중간 단계의 흔적이 남지 않으며, 특히 수학뿐만 아니라 물리학 및 여타 과학 분야에서는 과학 외적인 고려 사항이 논문과 책에 서면으로 공식화되어 남지 않기 때문에 과학자가 어떤 계기로 어떻게 아이디어를 떠올리게 되었는지 더는 알 수 없게 되었다. 문서로 기록되는 내용은 비전문적 주제에 대한 암시가 거의 없는 형식적인 언어로 작성되고,

반드시 정제되어야 한다. 간혹 더 일반적인 성격을 가진 문헌(예컨대 앙리 푸앵카레(Henry Poincaré)의 문헌이 그렇다.)에 전(前)과학적 논의의 흔적이 남을 때가 있다. 여기에서 메타 과학적 논의가 싹튼다. 하지만 과학자가 쓰는 거의 모든 문헌에서 이러한 주제는 금기시된다.

확률

나는 서로 다른 학문 간에 아이디어가 전달되는 구체적인 사례를 찾다가 과학에서 쓰는 확률에 대해 생각해 보기 시작했다. 주사위나 카드 게임 외에 확률을 사용하는 분야 중 하나가 통계학이다. 통계학(statistics)은 국가(state)의 상태를 파악하기 위해 시작된 과학이다. 19세기에 여러 경제학자와 사회학자, 특히 벨기에의 아돌프 케틀레(Adolphe Quetelet) 같은 학자들이 통계학과 확률 계산에 매우 중요한 공헌을 했다. 한편 19세기 후반에는 제임스 클러크 맥스웰(James Clerk Maxwell)과 루트비히 볼츠만(Ludwig Boltzmann)이 집단 행동을 파악하기 위한 목적으로(경제학자들도 이 연구를 하려 했다.) 완전히 독립된 방식으로 물리학에 확률과 통계학을 도입했다. 비슷한 시기에 찰스 다윈(Charles Darwin)의 자연 선택 메커니즘이 공식화되었는데, 유전 형질이 무작위로 변화하고 그 형질이 선택되면 후손에게 전달된다 라는 식으로 요약할 수 있다. 다윈에게 진화론의 핵심은 서로 다른 다양한 가능성 중의 선택이라는 개념이었다.

20세기 초 그레고어 멘델(Gregor Mendel)의 연구가 재발견되며 진화가 진행되는 물리적 기저가 유전자임이 확인되었다. 다윈의 이론은 생물학의 지배적인 패러다임이 되었다. 생물학이 양자 역학과 아주 거리가 먼 분야라고 생각한다면, 1920년대 말에 등장한 코펜하겐 학파의 해석과 다윈의 자연 선택 이론의 유사성에 깊은 인상을 받을 것이다. 양자계는 다양한 상태에 놓일 수 있으며 실험(혹은 관찰)에서 다양한 가능성 중 하나가 무작위적으로 선택된다.

다윈 이론에서든 양자 역학에서든, 생물학에서든 물리학에서든, 진화는 새로운 가능성의 제안과 이어지는 선택 과정을 거친다. 그러나 세부 사항은 근본적으로 다르다. 생물학적 진화에서 새로운 가능성은 무작위로 만들어지고 선택은 결정론적으로 이루어진다. (적자 생존(survival of the fittest)이다.) 반면에 양자 역학에서는 상태가 결정론적인 방식으로 진화되고, 측정값이 실험 결과의 다양한 가능성 중에서 무작위로 선택된다. 그러나 이러한 차이점 너머 두 학문 사이에는 커다란 유사점들이 있다.

닐스 보어(Niels Bohr)와 막스 보른(Max Born)을 비롯한 코펜하겐 학파의 지지자들이 다윈의 진화 이론에 귀를 기울였고 어떤 방식으로든 영향을 받았을 수 있다. 불행하게도 영어로 번역된 저명한 전문 저작물에서는 이러한 흔적을 찾을 수 없다. 나는 역사학자가 아니라서 잘 알려지지 않은 문헌에도 그런 언급은 없다고 장담할 수는 없지만, 저자 자신이 다윈의 진화론이 자신에게 끼친 영향이 얼마나 큰지를 스스로 명시적으로 깨닫지 못해서 그에 관해서는 아무것도 쓰지 못했을 가능성도 있다고 본다.

은유의 위험성

발견의 도구(heuristic tool)로 은유를 사용하는 것과, 논리를 웅변술로 대체하는 극단적인 상황에 이르도록 은유와 운율, 기타 수사학적 비유를 추론의 기초로서 사용하는 일은 아주 명확하게 구분되어야 한다. 나는 후자의 방식이 유해하다고 본다. 본디 번역할 수 없는 개념이 다른 언어로 번역되면 눈치 채지 못하는 사이에 변형되고 만다. 그래서 아전인수(我田引水) 격의 결론이 나오는 일이 잦다 해도 놀랍지 않다. 간혹 그러한 과정에서 괴물이 태어나기도 하는데, 사회 생물학(sociobiology) 같은 게 그런 예다. 사회 생물학의 생물학적 주장과 은유가 아무런 통제 없이 적용되면 안 되는 사회 분야에 적용되고 있는데, 원래 은유에 담긴 기본 가정이 새로운 분야에서는 적합하지 않다는 것을 잘 모르는 것이다. 그 결과 위험한 결론에 도달하게 되고, 은유를 정치적으로 사용해 사회 진화론(social Darwinism) 같은 일탈된 이론이 탄생하는 일이 생기는 것이다.

이처럼 우발적인 은유의 사용은 일부 인문학 분야에서 흔히 볼 수 있으며, 덜 위험하긴 하지만 똑같이 부정적인 결과를 초래한다. 이러한 예로 그 유명한 '소칼의 지적 사기 사건'에 대한 이야기를 하지 않을 수 없다. 미국 물리학자 앨런 소칼(Alan Sokal)이 사이비-철학-과학 학술 출판을 조롱하기 위해 자크 라캉(Jacques Lacan)과 자크 데리다(Jacques Derrida)를 비롯한 여러 동료 지식인의 은유적 문체를 사용해 논문을 썼다. 이 논문 「경계를 넘어서: 양자 중력의 변형적 해석학을 향하여(Transgressing the Boundaries: Toward a Transformative Hermeneutics of Quantum Gravity)」는 소칼이 실제로 진짜라 믿고 썼다면 그의 착실한 동료들 모두 그의 정신 건강을 걱정할 정도로 무분별한 물리학적, 사회학적, 심리학적 은유를 기반으로 하고 있었다. 자신이 쓴 글이 말도 안 된다는 사실을 너무나도 잘 알았던 소칼은 이와 같은 거친 비유들을 엮어 시종일관 우아하고 학구적인 문체의 논문으로 만들어 냈다. 일종의 강력한 비판이었다. 놀랍게도 이 논문은 편집 위원회의 승인을 받아 포스트모던 분야에서 가장 권위 있는 학술지 《소셜 텍스트(*Social Text*)》에 실렸다. 자신이 일부러 말도 안 되는 논문을 썼다고 소칼이 공식적으로 밝히자 일대 스캔들이 터졌다. 이때 당혹감이 얼마나 대단했던지, 소칼의 글이 저자의 의도 이상의 온전한 의미가 있다는 주장까지 펼치며 스스로 정당화하려는 사람까지 나왔다. 지금도 인터넷에서 열람 가능한 이 논문은 상당히 재미있다. 은유의 물리학 부분을 이해할 수 있는 사람이라면 저자의 거의 지칠 줄 모르는 상상력에 감탄하게 될 것이다.

소칼이 남용 문제를 지적했음에도 은유는 과학 커뮤니케이션에서, 즉 과학적 발견을 대중에 설명하려 할 때 아주 중요한 역할을 한다. 그러나 은유는 일상의 표현을 이용하고 용납하기 힘들 정도로 아주 부정확한 방식으로 쓰이는 경우가 종종 있다. 은유가 신뢰성이 낮은 것은 아주 당연하다. 이것은 어떤 언어의 단어를 다른 언어에서 다른 의미로 사용할 때 공통으로 나타나는 현상이다. 그러나 이 현상은 이해는 된다 해도 과학자를 적지 않게 긴장시킨다.

나는 특히 "좌파의 DNA" 같은 유형의 표현이 거슬린다. 이런 표현을 들을 때마다 나는 DNA가 형질의 유전적 계승, 즉 다윈주의적 계승의 기초가 되지만, 문화는 부모가 후천적으로 획득한 형질이 자식에게 이전되는 소위 '라마르크식'으로 계승된다는 생각을 하곤 한다. 문화가 DNA로 전달된다는 생각은 진화 이론의 기본 원리와 충돌한다.

한편 수학자들은 신중한 고려 없이 '정리(teorema, 이탈리아어)'라는 단어를 사용하는 일에 분노한다. 이탈리아의 정치적 저널리즘에서 '정리'는 판사가 종종 내리는 자의적 추론과 거의 동의어가 되었다. 언론인에게 정리란 '논지는 형식적으로 올바르지만, 잘못된 가정과 삼단 논법으로 구성된 가식적인 논증'으로 이해된다. 그런다고 언론을 온전히 비난할 수만은 없다. 때로는 과학자도 부적절한 가정(예를 들어 우리가 '말(horse)의 형태가 구 모양이라고 가정'하는 경우를 생각해 보자.)에서 출발해 수학적 추론을 거쳐 모호한 결론에 도달하고 이를 정리로 제시하기도 하니까 말이다. 수학은 형식적으로 올바른 방법이기 때문에 이제 이 정리라고 하는 것은 특정 가정에서 특정한 귀결이 뒤따르는 게 당연하다는 사실을 확인해 주는 것이 된다. 참이 아닌 가정으로 출발하면 참이 아닌 결론에 도달하는 것은 당연하다. 문제는 가정이 잘못되었으나 잘 감춰져 있어 구분하기가 쉽지 않고, 그 결과 역시 거짓이나 정리의 귀결인지라 참인 것처럼 과시된다는 것이다. 비행기는 날 수 없다거나, 지구의 나이가 2000만 년이므로 다윈의 진화 이론은 잘못되었다는 등, 19세기 후반에 있었던 논쟁을 시작으로 이러한 사례는 매우 흔하다. 심지어 잘못된 추론이 유명해진 경우도 몇 가지 있는데, 이 경우에도 은유가 '정리'가 된 바 있다.

사고 방식

반면 물리학에서 은유는 물리 법칙이 무엇인지 명확하지 않은 상황, 메타 과학적 논쟁이 치열하게 이뤄지는 위기의 상황에 사용되는 경우가 많다. 몇 가지 예를 들어 보겠다.

알베르트 아인슈타인(Albert Einstein)은 양자 역학의 탄생에 그 누구보다 큰 공헌을 했음에도 양자 역학을 결코 마음에 들어 하지 않았다. 그에게 "양자 역학은 진정한 야곱이 아니었다." (히브리 신화의 등장 인물인 야곱은 아브라함의 손자로 신의 선택을 받은 자였다. — 옮긴이) 아인슈타인은 주로 확률이 근본적인 역할을 하는 코펜하겐 학파의 해석에 이의를 제기했다. 그는 물리학 이론은 결정론적이어야 한다고 생각했다. 그렇게 해서 그 유명한, "신은 주사위 놀이를 하지 않는다."라는 문장이 나오게 되었다. 닐스 보어는 이 말에 "신이 뭘 하든 당신이 뭐라 하지 마세요."라고 답했다.

1950년대 말, 약한 상호 작용(방사성 붕괴의 원인이 되는 힘이다.)이 홀짝성(parity)을 유지하지 못한다는 사실이 발견되었다. 다시 말해 약한 상호 작용에 대한 실험을 찍은 영상을 보면 영상이 옳은지, 오른쪽과 왼쪽이 반전되었는지 알 수 있다. 자연의 다른 힘들은 오른쪽과 왼쪽을 구분하지 못하므로 이는 전혀 예상하지 못한 결과였다. "나는 신이 왼손잡이라 해도 그다지 놀랍지 않지만, 신이 약간 왼손잡이라는 사실은 상당히 놀랍다."라는 볼프강 파울리(Wolfgang Pauli)의 말이 이 당황스러운 상황을 잘 나타낸다.

일부 논제가 은유나 유추인지, 심지어 존재론적 의미를 가지기나 하는 것인지를 파악하기 어려운 때도 있다. 17세기와 18세기에 물리학은 기계론의 지배를 받고 있었다. 모든 물리 법칙이 보이지 않거나 아무리 작은 것이라 할지라도 역학적인 차원에서 설명이 되어야 했다. 기계는 부품 간의 접촉을 통해 상호 작용하고 작동한다. 이러한 개념 틀에서는 원격으로 원거리에서 작용하는 힘은 절대 이해가 되지 않는다. 뉴턴도 만유인력의 법칙(두 물체는 서로 접촉하고 있지 않아도 중력으로 서로를 당기는 원격 상호 작용을 한다. 이 법칙은 태양 주위의 행성들처럼 아주 멀리 떨어져 있을 때도 적용된다.)을 제안하는 과정에서 나중에 다른 사람들이 이 법칙의 근본에 있을 기계론적 역학 모형이 무엇인지 알아낼 것이라는 암묵적인 가정을 하고 "나는 가설을 세우지 않겠다."라고 말하면서 빠져나갔다.

원격 작용인 중력은 1세기가 넘도록 분쟁 거리로 남아 있었기 때문에 많은 사람이 기계론적 설명을 제시하려고 노력했다. 누군가는 우주가 복사로 가득 차 있고 이 복사가 물체들을 밀어낸다고 가정했다. (아마 가장 독창적인 시도일 것 같다.) 이 복사는 보편적으로, 사방으로 퍼지고, 여기서 유도된 힘들이 서로를 밀고 당긴다. 두 물체가 가까이 있고 한 물체가 다른 물체 위에 그림자를 드리우고 있을 때 주변의 복사가 두 물체를 밀어 가까이 다가가게 만들고, 이것이 중력의 근원이 된다. 이 기본적인 메커니즘은 20세기 초까지 살아남았다. 진공이 역학적 매질(에테르)이 되었고, 이 매질의 진동은 전기장과 자기장을 발생시키는 원인으로 해석되었다.

은유와 모형, 유추

생물학에서도 중요한 역할을 하며 지속되어 온 은유가 있다. 예를 들어 17세기에는 유기체를 눈에 보이지 않을 정도로 아주 작은 부품으로 구성된 기계로 보았다. 20세기 후반 DNA에 암호화된 정보가 중요한 역할을 한다는 게 발견된 후, 단백질로 이루어진 기관이 하드웨어고, DNA에 암호화된 정보가 소프트웨어라는 식으로 컴퓨터에 대한 은유가 도입되었다. 이 은유(소프트웨어/DNA, 하드웨어/단백질)는 당시의 지식을 설명하는 힘이 강하고 그 상태를 잘 요약하고 있어 엄청난 성공을 거뒀다. 이후 우리는 단백질과 DNA 간의 상호 작용이 훨씬 더 복잡하다는 사실을 알게 되었다. 앞서 대성공을 거둔 은유가 계속 사용되고는 있지만, DNA 개념 자체가 수정되었고 새로운 후속 발견이 점점 더 많이 나오면서 기존의 은유가 구태의연한 것이 되었다.

현재 우리는 생물학에서 새로운 은유들을 마주하고 있다. 일부 은유는 복잡성에 기초를 두는데, 즉 상호 작용하는 수많은 행위자(논의 수준에 따라 분자, 유전자, 세포, 동물, 종 등)가 존재할 때 집단적 상호 작용의 효과로 나타나는 새로운 현상이 있다는 개념을 바탕으로 한다. 그래서 이러한 현상에 중점을 두고, 물리학에서 개발된 개념과 은유를 사용해 행위자들의 행동을 설명한다. 네트워크(예를 들면 대사망(metabolic network) 연구)나 프랙털 기하학(허파나 나뭇가지의 형태, 콜리플라워의 구조를 연구할 때 사용되는 기하학) 같은 사례가 특히 두드러진다.

물리학은 모형을 사용하는 것이 큰 특징이고, 이 모형들은 은유의 형태를 취하고 있다. 내 경우 조반니 요나라시니오와 톰마소 카스텔라니(Tommaso Castellani)가 은유에 대한 물리학자들의 저항과 은유를 해체하려는 그들의 경향을 두고 벌인 논쟁에 충격을 받았다. 토론 내용을 종합해 보면 이렇다. 먼저 조반니 요나라시니오는 밀밭에 부는 바람에 흔들리는 이삭과 바다의 파도를 비교하는 것은 은유가 아니라고 주장했다. 왜냐하면 파도를 설명하는 방정식이 이삭의 움직임을 설명하는 방정식과 유사하기 때문이란다. 최종적으로 분석해 보면 이 두 가지는 동일한 현상으로 서로에 대한 은유로 볼 수 없다는 것이다. 반대로 톰마소 카스텔라니는 대다수의 사람이 이삭의 흔들림과 바다의 파도를 본질적으로 다른 별도의 두 현상으로 본다는 점을 지적했다.

물리학자들이 은유를 해체하려는 경향을 보이는 것은 무엇 때문일까? 이 질문에 답하려면 과학으로서의 물리학이 무엇이고, 수학이나 다른 자연 과학과 관련해 어떤 위치를 차지하고 있는지 생각해 봐야 한다. 물리학자는 응용 수학자라고 할 수 있다. 구체적인 문제에서 출발해 갈릴레오 이후 물리학의 언어가

된 수학으로 문제를 옮겨 적는다. 때로는 문법적으로 맞지 않는 방식으로 수학을 이용하는 물리학자도 있다. 하지만 요나라시니오는 이렇게 말했다. "문법 규칙을 모두 따르지 않는 것은 시인에게 부여된 특권이다."

그렇다면 수학은 정확히 무엇일까? 수학은 구체적인 의미가 모두 정제된 상징을 연구하는 과학이다. 영국의 논리학자 버트런드 러셀(Bertrand Russell)의 말에 따르면 "수학은 무엇에 대해 말하는 것인지 모르는 과학"이다. 이렇게 말하는 이유는 간단하다. 우리가 전화 2통화 + 전화 3통화는 5통화, 혹은 암소 2마리 + 암소 3마리는 5마리 대신, 그냥 2 + 3 = 5라고 하면 문제의 5가 '무엇'을 가리키는지 전혀 모른다. 이것은 지극하게 낮은 수준의 추상화이지만, 추상화 수준이 깊어질수록 수학이 다루는 대상의 구체적 의미가 사라지고 정제되는 경향이 두드러진다. 수학적 대상은 모든 감각적 양상을 정제한 것이므로 수학 명제는 논리 명제처럼 보편적인 가치를 지닌다.

반면 물리학자는 구체적인 현상을 물질적 특성은 대부분 사라지고 본질적 특성만 남은 수학 언어로 해석한다. 이삭의 흔들림과 바다의 파도는 매우 유사한 방정식으로 설명이 된다. 이 두 현상이 같은 방정식으로 표현되기 시작하면 두 현상은 더 이상

서로에 대한 은유이기를 그만두고 수학적으로는 동일하게 표현되되 물리적으로는 다르게 구현되는 현상이 된다. 사실 이삭과 파도의 방정식은 정확하게 동일한 것은 아니고 같은 계열에 속한 것이다. 즉 둘 모두 파동의 전파 현상에 해당하는 것이다. 이삭의 경우 파동이 전파되는 속도가 파장(연속된 두 파동 간의 간격)과 관련이 없지만, 바다의 파도는 속도가 파장의 제곱근에 비례한다. 따라서 쓰나미처럼 아주 극단적으로 긴 파장은 매우 빠른 속도로 이동한다.

교차 수정

조반니 요나라시니오가 강조한 것처럼 물리학자에게는 완전히 다른 계가 수학으로 동일하게 설명된다는 점을 발견하는 일이 매우 중요하다. 그러나 간혹 방정식이 동일하다 해도 관찰할 수 있는 양에 해당하는 수학적 표현이 다른 경우가 있다. 이 경우(사실 가장 흥미로운 경우다.) 두 계에서 관찰되는 움직임이 매우 다를 수 있다. 그리고 물리학적으로 완전히 다른 분야(예컨대 고체 물리학과 입자 물리학)에 속할 수 있어서 두 계를 동일한 수학적 표현으로 병합하는 것은 전혀 예상치 못한 놀라움을 줄 수 있다.

매우 다른 두 물리학 분야가 동일한 수학적 구조로 묶일 수 있음을 알게 되는 순간부터 두 분야가 서로를 비옥하게 해 지식이 급속도로 발전하는 경우가 종종 있다. 두 계가 충분히 연구된 경우, 첫 번째 계에서 얻은 수많은 결과와 기법을 (적절한 변환을 거친 후) 두 번째 계에도 적용할 수 있다. 일반적으로 동일한 형식적 수학 체계가 완전히 다른 두 가지 물리적 계로 구현된 경우, 두 계 모두에 물리적 직관을 사용해 가치 있는 보완 정보를 얻을 수 있다.

조반니 요나라시니오는 자발적 대칭성 깨짐을 발견한 공로로 훗날 노벨 물리학상을 받게 될 난부 요이치로(南部陽一郎)와 1961년에 함께 쓴 책에서 양자 진공과 초전도 사이에서 '유추(analogy)'할 수 있는 바를 설명했는데, 이 '유추'라는 말은 오래전부터 사용되었다. 1960년대 중반부터 1970년대까지 물질의 통계적 특성 계산과 양자 진공의 구조 계산은 같은 수학 문제의 두 가지 다른 양상이었다. 금속을 대상으로 진행한 실험에서 나온 정보들(예컨대 우리가 알고 있는 특정 물질이 초전도체라는 점)은 양자 진공에서 나타날 수 있는 거동들을 알게 해 줬다. 1980년대부터는 '유추'라는 말이 사라진 대신 "양자 진공이 초전도성이라고 추측한다."와 같은 문장이 선호된 것 같다.

물질의 통계 역학과 입자의 양자 물리학의 관계는 정말 중요했다. 아마 이 관계의 가장 중요한 예는 처음으로 상전이 연구에 재규격화 군을 적용한 요나라시니오와 카를로 디 카스트로의 작업일 것이다. 앞에서 본 것처럼 사실상 재규격화 군은 양자 및 상대론적 장 이론 분야에서 개발되었고, 그러한 맥락에서 연마된 모든 기술이 임계 현상에 대한 통계 역학에 적용되면서 대성공을 기록했다. (케네스 윌슨의 노벨상 수상으로 성공이 입증되었다.) 재규격화 군에 바탕을 둔 기술은 임계 현상을 파악하는 데 매우 중요했고 이후 입자 물리학에서도 성과를 거두었다. 그렇게 왔다 갔다 하는 동안 새로운 아이디어와 물리적 현상에 대한 이해가 풍부해졌고 이때 이후로 비로소 재규격화 군이 입자 물리학에서 중요한 역할을 하기 시작했다.

이러한 경우, 내가 보기에는 은유라고 말할 수 있을 것 같지 않다. 이 교차 수정은 전통적인 수사학의 형태와는 매우 다르기 때문이다. 동일한 수학적 추상이 다른 물리계에 투영될 수 있으며 이러한 관점들 모두 각각 다른 양상으로 나타난다. 예를 들어 다양한 행위자로 구성된 복잡한 계를 생각해 보자. 때때로 동일한 수학 모형이 생소한 저온의 자기계(스핀 유리)나 뇌의 작용, 대규모 동물 집단의 행동, 경제 등에 대한 연구에 적용될 수 있다. 이런 경우, 한 분야에서 나온 결론을 다른 분야에서 예측하기 위해 사용하는 것은 정확하게는 은유에 의존한다고 할 수 없다. 유사한 수학적 형식화 과정이 있는 계기 때문이다. 오히려 이 학문에서 저 학문으로 개념을 전이하려는 시도, 즉 동일한 수학 구조에 대한 일반적인 대응으로 정당화되는 시도라고 할 수 있다.

결국 나는 은유를 찾으려고 글을 쓰기 시작했는데, 내 안에서 은유를 해체하려는 물리학자로서의 경향을 억누르지 못한 것 같다. 적어도 나는 이러한 습성의 원천에 대해서는 명확하게 설명이 되었기를 바란다. 주제에서 벗어난 이야기임은 알고 있다. 다만 누구나 어디서 출발했는지는 알지만, 어디에 도착할지는 모를 때가 있다.

6장
아이디어는 어디서 오는가

연구할수록 계속 생기는 새로운 의문들은 우리가 구할 수 있는 답보다 훨씬 더 많다.

아이디어는 어디서 생기는 것일까? 나 같은 이론 물리학자의 머릿속에서는 아이디어가 어떻게 만들어질까? 어떤 유형의 논리적 과정을 거치는 것일까? 지금 나는 인류사와 사상사를 바꿔놓을 정도로 대단한 아이디어만 이야기하려는 게 아니다. 오히려 '미시적 창의력(microcreativity)'이라 불리는 것, 즉 과학에서 진보가 일어나는 데 매우 중요한 역할을 하는 매일의 일상 속 작은 아이디어를 이야기하고자 한다. 나는 아이디어라는 것은 예상할 수 없어 놀랍고 절대로 사소하지 않은 생각이라고 본다.

일단 앙리 푸앵카레와 자크 아마다르(Jacques Hadamard)부터 시작해 보자. 19세기에서 20세기로 넘어가는 시대에 살았던 이 두 수학자는 자신들의 수학적 아이디어가 탄생한 방식을 거듭해서 설명했고, 서로 비슷한 관점을 지니고 있었다. 두 사람 다 수학 정리를 통한 증명에서 수많은 단계를 구별할 수 있다고 주장했다.

① 문제를 연구하고, 과학 문헌을 읽고, 해결책을 찾기 위한 첫 시도에서 실패하는 첫 번째 단계가 있다. 일주일에서 한 달까지 길어질 수 있는 기간이 지난 후, 이 단계는 진전이 이루어지지 않은 채 종료된다.

② 그다음 (적어도 의식적으로는) 문제가 방치되는 잠복기가 온다.

③ 잠복기는 '깨달음'의 순간과 함께 갑자기 종료된다. 잠복기는 해결하고자 하는 문제와 관련이 없는 상황, 예를 들어 관련 없는 주제로 친구와 이야기를 나누고 있는 상황에서도 깨달음을 얻고 갑자기 종료되는 경우가 많다.

④ 마지막으로 문제 다루는 일반적인 길을 알려주는 깨달음을 얻으면 실질적으로 증명을 해야 한다. 이 과정은 매우 길어질 수 있다. 깨달음이 올바른지, 선택한 길이 정말 갈 수 있는 길인지 확인하고, 증명하기 위해 필요한 모든 수학적 과정을 수행해야 한다.

분명 깨달음이 잘못된 것으로 드러나는 경우도 있다. 증명되지 않는 과정의 유효성도 가정해야 한다. 그리고 처음부터 다시 시작해야 한다.

이러한 설명은 매우 흥미롭고 중요한 무의식적 사고의 역할을 제시한다. 아인슈타인도 이러한 역할에 동의한 바 있고, 그는 자신에게 무의식적 추론이 얼마나 중요했는지 여러 번 강조했다. 어려운 문제를 유보하고 아이디어를 '침전'시키며 신선한 마음으로 답을 찾는 과정이 매우 일반적임에는 의심의 여지가 없다. 생각을 심화시키는 데 밤이 도움을 준다는 의미의 속담이 나라마다 있다. 예를 들어 다음과 같은 것들을 떠올려 볼 수 있다. "밤은 계획에 적합하다. (Consiliis nox apta, 라틴 어)" "밤은 조언의 어머니. (Night is the mother of counsel, 영어)" "밤은 충고를 준다. (Die Nacht bringt Rat, 독일어)" "베게와의 의논은 유익하다. (Il est utile de consulter l'oreiller, 프랑스 어)" "일을 하기 전에는, 먼저 잠을 자 보라. (Antes de hacer nada, consúltalo con la almohada, 스페인 어)" "밤은 생각의 바다. (La notte xe la mare d'i pensieri, 이탈리아 어)"

큰 문제에서 아주 사소한 문제로 넘어가는 동안 여러분에게 내 개인적인 경험을 한 가지 이야기해 보려 한다. 나는 이론 물리학 연구 때문에 컴퓨터로 프로그램을 작성해야 할 때가 무척 많은데, 상당히 재미있고 편리한 작업이다. 컴퓨터는 상식이 결여된 기계고 시키는 것만 정확하게 실행하기 때문에 사람이 지시한 것을 미친 듯이 문자 그대로 정확하게 따르려고 한다. 길을 묻는 사람에게 당신이 "길을 따라 직진하세요." 하면 그는 커브길이 나온다고 해도 길을 따라 잘 갈 것이다. 그러나 "직진하세요."라는 문장의 의미를 정확하게 정의하지 않은 상태라면 컴퓨터는 너무나도 당연하게 커브길을 만나자마자 헤매기 시작할 것이다.

많은 노력을 쏟아도 컴퓨터에 처음 어떤 일을 시키면 실제로 요청했던 것과 미묘하게 다른 결과물이 나올 때가 많다. 여러 프로그램 언어 중 하나로 작성된 새로운 프로그램이 작동하지 않을 때도 종종 있는데, 간단한 테스트를 수행하면 예상과 완전히 다른 결과가 나온다. (물론 이것은 내 경험일 뿐이다. 뛰어난 프로그래머라면 첫 테스트부터 제대로 된 결과를 얻을 것이다.)

내가 범한 실수를 알아내려고 오전 내내 씨름한 경험이 헤아릴 수 없이 많았다. 꼼꼼하게 프로그램을 다시 읽어 보고, 모든 지침을 하나씩 되짚어 보면서 쉼표가 빠진 것은 아닌지, 세미콜론이 빠지지는 않았는지, 부등호 표시가 제대로 들어갔는지 생각해 봤지만 딱히 떠오르지 않는다. 해결의 실마리는 차를 타고

집으로 절반 정도 돌아왔을 때에야 찾아온다. '그래, 그게 문제였어!' 그러면 집에 도착하자마자 검토해서 오류를 직접 확인한다.

이런 일은 아주 흔하다. 또 한 번(안타깝게도 평생에 단 한 번이었다.)은 비슷하지만 훨씬 멋진 일이 있었다. 동료들과 함께 아주 어려운 문제를 연구하고 있을 때였다. 문제를 해결할 전략을 찾으려 했지만 성과가 없었다. 오랜 세월 동안(10~15년) 다양한 근삿값이 제시되었고 개인적으로도 따로 그 문제를 연구했지만 너무 어려워 결국 포기하고 말았다. 그런데 어느 점심 모임에서 한 친구가 이런 말을 했다. "자네가 연구한 문제는 사람들이 한 번쯤 생각해 보는 범위를 벗어나서 적용되는 것들이라 상당히 흥미로워. 알고 있나?" 그래서 나는 이렇게 대답했다. "하지만 그래서 문제를 해결하려면 노력을 해야 해. 요즘 우리가 이런 시도를 하고 있어……?" 그러면서 문제를 풀기 위한 전략을 한 단계씩 설명할 일이 있었는데, 바로 그때 그 전략이 정답이었음을 알게 되었다!

생각과 말

내가 예로 든 이러한 에피소드에서 잠복기가 무엇인지는 쉽게 알 수 있다. 비슷한 일화가 누구나 한 번쯤 있었을 것이다. 그러나 큰일이든 작은 일이든 잠복기가 무의식적인 과정이라면, 그것이 어떤 유형의 논리를 따르고 어떻게 발생할 수 있었는지 자문해 볼 필요가 있다. 우리는 생각이 언어적이어서 무의식적인 추론은 적절하지 않다고 전제할 때가 무척 많다. 아인슈타인이라면 동의하지 않았겠지만, 사실 그도 완전히 의식적인 상태는 절대 도달할 수 없는 스펙트럼의 극단이라고 말하곤 했다. 생각 속에는 항상 무의식적인 부분이 의식적인 부분과 섞여 있다고 말이다.

이 분야의 전문가는 아니지만 의식적, 무의식적 사고에 대한 몇 가지 개인적 관찰을 말해 보겠다. 우리는 단어를 이용해 생각하고 문장을 구성한다고 느낀다. 실제로 우리가 다른 사람들과 이야기할 때뿐 아니라 조용히 연구할 때도 그렇기는 하다. 누군가 우리에게 단어를 이용하지 않고 어떤 문제에 대해 생각해 보라고 하면 아마 완전히 무력한 상태가 될 것이다. 우리는 추론을 단어로 형식화하지 않고는 머릿속에서 문제를 풀 수 없다. 언어는 어떤 것이든 상관없지만, 반드시 단어가 사용되어야 한다.

그러나 우리가 생각하는 방식이 단어에만 기반을 두는 것은 아니다. 사실 우리는 어떤 문장을 생각하거나 말하기 시작할 때 어디로 갈지 알아야 한다. 우리에게는 따라야 할 문법 규칙이 있다. 우리는 보통 '부정(否定)'하는 단어로 문장을 시작하지 않고, 무슨 말을 해야 할지 모르면 말하기를 멈춘다. 반면 머릿속에 '부정'의 단어가 떠오르는 순간 이미 다음에 나올 동사와 문장 전체를 알게 된다. 그런데 이럴 때는 단어로 표현을 하기 전에 비언어적인 형태로 머릿속에 문장 전체가 들어 있을 것이다.

말을 통해 생각을 형식화하는 일은 매우 중요하다. 말은 강한 힘을 지니고 있고, 단어들은 서로 연결되어 서로를 끌어당긴다. 기본적으로 수학의 알고리듬과 같은 기능을 갖는 것이다. 알고리듬이 거의 혼자서 수학 추론을 이끌어 가는 것처럼, 말에도 생명력이 있어 다른 말을 끌어내 우리로 하여금 추론을 하고 형식적 논리를 사용하게 해 준다. 아마 생각을 의식적으로 언어로 형식화하는 작업은 우리가 생각한 것을 기억하는 데도 유용할 것이다. 우리가 말을 통해 생각을 형식화하지 않는다면 기억하기가 훨씬 어려울 수 있다. 그러나 비언어적 사고가 언어적 사고보다 선행되어야 한다. 생각이 역사적으로 언어보다 훨씬 더 오래된 것이라는 점을 생각해 보면 이상할 것도 없다. 인간의 언어는 수만 년의 역사가 있는데, 인간이 언어가 생기기 전에 생각하지 않았으리라 믿기는 어렵기 때문이다. (동물, 그리고 아직 말을 배우기 전의 어린아이를 봐도 그 어떤 형태로도 생각을 하지 않으리라 보기는 어렵다.)

불행하게도 비언어적 사고가 어떤 유형의 논리를 따르는지를 알기란 쉽지 않다. 그 이유 중에는 논리가 언어를 기준으로 하므로 언어라는 수단을 사용해 비언어적 사고를 연구하는 일은 거의 불가능하다는 사실도 포함된다. 그러나 무의식적 사고는 새로운 아이디어를 떠올리는 데 매우 중요하다. 푸앵카레와 아마다르가 언급한 잠복기라는 긴 기간 동안 무의식적 사고가 사용될 뿐만 아니라, 수학적 직관이라는 더 근본적인 현상의 근간을 이루기 때문이기도 하다. 실제로 수학적 직관에는 언뜻 보기에 놀라운 특징이 몇 가지 있다.

일반적으로 정리의 증명은 연속되는 수많은 단계로 구성되고, 연역과 연역을 거친 후 마지막에야 답에 이르게 된다. 그러나 아주 드문 경우를 제외하고는 이것이 정리가 처음으로 증명된 방법은 아니었다. 일반적으로는 명제가 먼저 형식화된다. 어디서 시작되고 어디서 끝나게 될지를 아는 상태에서 중간 과정을 설정한 후, 필수적인 증명을 통해 하나씩 그 과정들을 연결해 최종적으로 완전한 증명에 이르게 되는 것이다. 비유하자면 다리를 건설할 때와 유사하다. 일단 어디서부터 시작해 어디서 끝낼지를 결정하고, 중간 기둥들을 세운 후 마지막으로 차도를 올려 완성한다. 첫 번째 경간(인접한 두 교각 사이의 공간. — 옮긴이)부터 교량을 올리고 그 첫 경간을 완성한 다음에야 두 번째 경간의 설계로 넘어가려 하다 보면 그제야 두 번째 기둥의 초석을 놓을 수 없다는 사실을 알게 될 위험이 있다.

한 문장이 단어로 형식화되기 전에 전체적으로 떠올라야 하는 것처럼, 증명도 연역 단계로 넘어가기 전에 대략적으로라도 수학자의 머릿속에 그려져야 하는 것이다.

이러한 진행 방식은 맨 처음 제시된 증명이 잘못되었음에도 유효한 정리가 많은 이유를 설명해 준다. 수학자는 정리를 올바르게 형식화하고 앞으로 나아갈 수 있는 방법을 찾은 후에도 중간 단계의 증명에서 실수할 때가 많다. 수학자의 직관이 거의 맞는다면 어려운 과정을 실행할 다른 올바른 방법이 있거나, 동일한 결과에 도달할 수 있는 약간 다른 방법이 존재한다. 수학자들은 정리의 '의미', 즉 비형식적인 언어로 표현되고 유추나 유사성, 은유, 직관을 바탕으로 하는 의미에 대해 말하는 경우가 종종 있다. 일반적으로 이러한 의미는 형식적인 언어가 사용된 수학 문헌에서는 추적할 수가 없다. 이 의미는 어떤 식으로든 애초의 직관을 정당화하지만, 형식화할 수 없기 때문에 친구들 사이에서나 말할 수 있고, 엄밀해야 하는 문헌에는 들어갈 수 없는 부정확한 것으로 느껴진다.

직관

물리학에도 직관이 있다. 수학적 직관과 다르고 시간이 흐르면서 진화하는 직관이다. 과학사 학자 파올로 로시(Paolo Rossi)가 밝힌 바에 따르면 갈릴레오에게는 천상계와 지상계가 유사하며 양쪽에 같은 법칙을 사용할 수 있다는 위대한 직관이 있었다. 이것은 갈릴레오가 이룬 수많은 발견의 출발점이었지만, 불경한 과학 철학자 파울 파이어아벤트(Paul Feyerabend)가 지적한 것처럼 추론이 꼬리를 물고 이어졌기 때문에 증명하기가 결코 쉽지 않았다. 예를 들어 태양의 흑점은 천체가 변할 수도 있음을 보여주었지만, 그것은 망원경에 티끌이 붙어 있지 않은 경우에만 증명되었다고 말할 수 있다. 망원경이 천체의 상을 정확하게 생성했는지를 확인할 수 없었으므로, 갈릴레오는 자신의 관측에서 두 가지 가설을 도출할 수밖에 없었다. 하나는 태양에 흑점이 존재하고 천상계가 지상계처럼 변할 수 있다는 것이었다. 다른 하나는 망원경이 다른 방식으로 지상이나 천체의 물체에서 나온 빛과 상호 작용을 일으켜 잘못된 상을 만들었다고 추정하는 것이었다. 두 번째 가설의 경우, 흑점이 일정한 속도로 회전하기 때문에(태양이 자전하기 때문이다.) 뒷받침을 하기가 매우 어려웠을 것이 분명하다. 그러나 천상과 지상, 우주 전체를 통합하는 법칙이라는 가설은 당시에는 충격적이었다. 당시 사회는 갈릴레오의 직관을 받아들이지 못하고 그의 가설이 법칙으로 증명될 때까지 후속 결과들을 거부했다.

물리적 직관은 이후에도 근본적인 역할을 했고 특히 20세기 초, 양자 역학이 탄생하는 시기에도 중요한 역할을 했다. 양자 역학은 물리학의 대모험 중 하나였고, 1901년부터 1930년까지 플랑크나 아인슈타인, 보어, 베르너 하이젠베르크(Werner Heisenberg), 폴 디랙(Paul Dirac), 파울리, 페르미 등 저명한 과학자들이 참가했다. 당시 물리학자들이 설명할 수 없는 현상이 상당히 많이 관찰되었다. 누가 봐도 이상하고 모순되는 현상이었다. (예를 들어 흑체 복사가 있다.) 과학자들이 무능해서가 아니라, 당시까지 발견되지 않았던 양자 역학을 통해서만 설명 가능한 현상들이었기 때문이다.

이것의 논리적 귀결은 무엇이었을까? 양자 역학을 발명하고 그에 대한 타당한 설명을 제시하는 것이었다! 그런데 역사는 완전히 다른 길을 따라갔다. "아직 밝혀내지 못한 부분이 존재하나 다음 논문에서 밝혀내겠다."라는 전형적인 방식을 따라, 잘 알려지지 않은 구성 요소 중 일부가, 실제로는 고전 역학과 양립할 수 없는 기괴한 방식으로 작동한다고 가정함으로써 고전 모형에서 양자 현상을 설명하려는 시도가 다양하게 이루어졌다. 1900년 플랑크의 논문 이후 모순된 기여가 많이 있었고 그중 일부는 솔직히 말해 잘못된 것이었다. 아무튼 그 연구들은 고전 역학에서 양자 현상을 정당화하려는 불가능한 시도였기 때문에 애초에 타당할 수가 없었다. 예를 들어 플랑크는 흑체 복사를 설명하기 위해 빛이 고전 물리학의 일반 원리와 전혀 양립되지 않는, 정확히 양자적 특성을 가진 진동자와 상호 작용한다고 가정했다. 그러나 그는 고전 물리학과의 호환성이 존재하지 않는 자신만의 길을 향해 가고 있다는 사실은 알지 못했다.

인상적인 점은 플랑크가 제시한 설명 가운데 일부가 어떻게 정확할 수 있었는지였다. 그의 물리적 직관은 매우 강력했다. 고전 역학의 관습에 머물러 있으면서 양자 현상을 어느 정도 설명했고, 고전 역학과 실제 관찰된 현상 간의 모순을 점점 더 키워갔다. 결국 모순이 너무 많아지면서 새로운 양자 역학의 여러 측면을 예감케 했다. 예를 들어 1913년에 나온 보어의 이론에서는 수소 원자 주위를 도는 단 하나의 전자가 특정 조건을 충족하는 한정된 궤도에만 있다고 가정하면, 수소가 방출하는 빛의 스펙트럼 선(spectral line)을 간단하게 계산할 수 있었다. 이 가설은 고전 역학의 지지를 받지는 못했지만, 10여 년이 지난 후 새로운 역학의 출현이 시급하다는 인식이 부상했을 때, 양자 역학 구축에 중요한 단서를 제공했다.

1924년과 1925년 사이에는 마지막 장벽도 무너졌다. 이후 몇 년 동안 엄청난 속도의 진보를 거친 다음, 1927년에는 새로운 양자 역학이 실질적으로 최종 형식화되기에 이르렀다. 1900년부터 1925년까지 무려 25년간 계속된 준비 작업은 물리계가 어떻게 이루어져 있는지에 대한 강한 직관이 있었기에 가능했다. 수학자들의 직관과 매우 다른 이 직관은 논증에 결함을 가진 경우가 종종 있었지만 물리학을 발전시키는 연구로 이어졌다.

이 직관에 관해 조금 더 이야기해 보자면 저온 실험을 하는 물리학자 친구가 내게 이런 말을 한 적이 있다. "자네의 실험 장비나 지금 측정하고 있는 계, 그리고 자네가 관찰하고 있는 현상들에 대해 아주 잘 알게 될 때까지 가면 심각하게 생각할 필요 없이 적절한 답을 내놓을 수 있게 될 거야. 사람들이, 혹은 자네 스스로 어떤 의문을 제시하면 자네는 곧바로 정확한 답을 해야 하고, 왜 그 답이 타당한지 설명할 수 있는 경지에 올라야 해." 나폴리 출신의 수리 물리학자 조반니 갈라보티(Giovanni Gallavotti)

는 자신의 역학 교과서 서문에 "훌륭한 학생은 정리가 명확해 보이고 그에 대한 증명이 불필요하다고 판단될 때까지 정리의 증명에 대해 생각해야 한다."라고 썼다.

직관은 학문 분야에 따라 많이 달라진다. 예를 들어 수학의 형식주의에 기반을 두는 직관이 있다. 형식주의는 매우 강력한 수단이지만, 무의식 속에서 알고리듬 절차를 따르는 것처럼 익숙해지기 시작하면 더 강력해진다. 앞에서 본 것처럼 내가 스핀 유리에 관한 연구에 첫발을 내디뎠을 때 복제 기법을 사용했는데, 이 유사 수학적 형식주의(내가 하던 연구의 수학적 유효성이 수년이 지난 후에야 증명되었기 때문에 유사 수학이라고 표현한 것이다.) 덕분에 내가 무엇을 하고 있는지도 제대로 파악하지 못한 상태에서도 최종 결론에 도달할 수 있었다. 사실 나는 연구 결과에 대한 물리학적 의미를 이후 수년이 지난 후에야 파악했다. 나는 계산을 진행하는 방향을 파악하기 위해 사용하던 방식, 즉 내가 전혀 형식화할 줄 모르는 규칙들을 무의식적으로 만들었던 것이다.

무의식적 방식의 진행은 과학 문제를 다루는 데서 전형적인 절차는 아니다. 20세기 이탈리아의 위대한 작가 루체 데라모(Luce D'Eramo)는 소설을 쓸 때 보통 이제까지 쓴 소설을 모두 다시 읽어 보고, 다음 장면을 어떻게 시작할 것인지 결정하는 식으로 진행한다고 했다. 이 시점에서 머릿속으로 등장 인물을 선정하고, 이 인물들을 어떤 장면에서 행동하게 한 후 관찰하는 것이다. "저는 등장 인물이 무엇을 해야 할지 결정하지 않아요. 그저 그들을 상상하고 그들이 말하고 행동하는 동안 관찰할 뿐이죠. 저는 그들이 하는 말과 행동을 옮겨 적는 거예요." 이것은 푸앵카레와 아마다르가 설명한 절차와 확실히 비슷하다.

결론 파악

이제 우리가 추론하는 방식이 생각보다 훨씬 복잡하다는 사실을 나타내는 마지막 논제를 소개해 보려 한다. 나는 최종적인 결과에 대한 단서 없이 참인지 거짓인지를 증명해야 할 때 겪는 어려움에 항상 충격을 받는다. 주장이 참(혹은 거짓)임을 암시하는 강력한 연구나 논증이 있으면 증명법을 찾기가 훨씬 더 쉽다. 반면, 결과를 알려 줄 징후가 없는 경우라면 많게는 2배의 시간을 들여야 최종 결과에 도달하리라 기대할 수 있다. 그 시간 중 절반은 결과가 참인지를 어떻게 알아낼지 추론하는 데 사용하고, 나머지 절반은 결과가 거짓인지를 알아내는 데 사용된다. 말로 하면 간단하지만, 실제로는 그렇지 않다. 연구자는 주장이 거짓임을 증명할 방법을 찾지 못하면 거꾸로 진실성을 증명하기 위한 논증을 찾으려 하고, 이렇게 두 가지 행위를 오가는 동안 별다른 진전을 이루지 못한다. 아마 의식적으로는 한 가설에서 반대 가설로 옮겨 갈 수 있지만, 우리 무의식은 계속 혼란스러울 것이다.

추가 정보가 아무리 사소한 것이더라도 때에 따라서는 얼마나 중요한 역할을 할 수 있는지 나는 한 사건을 겪으며 확실히 알게 되었다. 사실상 어안이 벙벙할 정도였다. 다양한 이론 모형을 극단적으로 단순화한 상태에서 매우 흥미로운 속성(간단히 X라고 하자.)을 확인했는데, 이 속성의 증명 가능성은 실제 세계와 관련된 어떤 이론의 발전에 상당한 도움이 되었다. 그 이론은 나와 친구들이 오래전부터 이야기하고 연구해 온 주제였지만, 우리 중 누구도 어떻게 증명해야 할지 전혀 알지 못했고, 심지어 이 속성이 참이라고 가정한다 해도 증명이 가능한지조차 의심스러웠다.

어느 날 친구인 실비오 프란츠(Silvio Franz)가 말하길, 루카 펠리티(Luca Peliti)와 함께 아주 간단하면서도 빈틈이 전혀 없는 아이디어를 이용해 X라는 속성을 증명했다고 했다. 나는 그 말을 듣고 기뻐서 파리로 갔고, 어느 회의에서 X라는 속성이 증명될 수 있음을 확신한다고 발표했다. 당시 결과에 대해서는 언급하지 않았는데, 내 친구들이 증명 내용을 발표하기를 기다리고 싶어서였다. 그 회의 후, 또 다른 친구 마르크 메자르는 파리 고등사범 학교(École Normale Supérieure) 계단에서 이렇게 말했다. "조르조, 자네 왜 X라는 속성의 증명 가능성을 믿는다고 말한 건가? 방법이 전혀 없다는 건 자네가 잘 알잖아." 그래서 나는 이렇게 대답했다. "마르크, 얼마 전에 실비오 프란츠와 루카 펠리티가 X라는 속성을 증명했어. 그들이 증명 내용을 설명했는데 정확해." 내 깜짝 발언에 메자르는 곧바로 "아, 그래, 어떤 증명인지 알겠어."라고 말하고, 그 자리에서 간략하지만 정확하게 우리가 알아낸 내용을 스스로 생각해 내고 설명했다. 우리가 공통으로 알고 있던 지식의 기반에 X라는 속성이 증명 가능하다는 간단한 정보 하나가 주어지자마자 그가 그토록 오랫동안 찾아 헤맨 증명을 10초도 되지 않는 순간에 해결하게 해 준 것이다.

엄청나게 고민한 분야에서 주목할 만한 진전을 이루는 데 사소한 정보만으로도 충분할 때가 있다는 점은 때때로 인상적이다. 예를 들어 아인슈타인은 1907년에 중력을 가지고 이 궁리, 저 궁리를 하다가, 어느 날 갑자기 "인생에서 가장 행복한 직관"이 떠올랐다고 말했다. 자유 낙하를 할 때 중력이 느껴지지 않는 것은 우리 주위의 중력이 사라지기 때문이라는 생각을 하게 된 것이다. 중력은 기준 좌표계에 따라 달라지고, 기준 좌표계를 적절하게 선택하면 적어도 국소적으로라도 중력을 없앨 수 있다고 말이다. 아인슈타인은 아마도 이러한 관찰에서 출발해 당대에 가장 심오하고 가장 앞선 물리학 이론인 일반 상대성 이론을 구축할 수 있었다.

아인슈타인이 이러한 직관을 갖게 된 것은 이상한 일화 때문이었다고 전해진다. (진짜인지는 확실치 않지만 사실이 아니라 해도 적절한 일화인 것 같다.) 한 도장공이 아인슈타인의 집을 칠하다가 3층 발판 위에 의자를 놓고 앉아서 작업을 했다. 어느 날 도장공이 몸을 너무 많이 내밀었다가 균형을 잃고 의자에 앉은 채로 떨어졌는데 다행히 뼈만 조금 부러졌다. 며칠 후 아인슈타인은 이웃과 이야기하다가 이런 의문이 들어 물었다. "불쌍한 도장공이 떨어지면서 무슨 생각을 했을까요?" 이웃은 "제가 이야기를 해 봤는데, 떨어지는 동안 의자에 기대고 있다는 느낌이 들지 않았고 중력이 없어진 것 같았대요."라고 대답했다. 이때 아인슈타인은 도장공의 느낌을 포착했고 곧바로 일반 상대성 이론을 형식화하러 달려갔다. 중력 이론의 기원이 항상 추락하는 그 무엇, 즉 뉴턴에게는 사과, 아인슈타인에게는 도장공과 관련이 있었다는 사실이 놀라울 뿐이다.

7장

과학의 의미

연구에 곧바로 몰두하게 만드는 것은 일종의 광기다. 전자기학 실험이 무엇에 필요한지 묻는 영국 장관의 질문에 마이클 패러데이(Michael Faraday)는 이렇게 답했다. “현재로서는 모르지만, 나중에 여기에 세금을 부과하게 되겠지요.”

"물리학은 섹스와 비슷합니다. 물론 둘 다 실질적인 결과물을 만들어 내지만, 우린 결과물 때문에 그걸 하는게 아니죠." 20세기의 위대한 물리학자 중 하나이자 아마도 가장 매력적인 과학자일 리처드 파인만(Richard Feynman)의 말이다.

이 문장은 단테 알리기에리(Dante Alighieri)의 "그대는 짐승처럼 살기 위해서가 아니라 미덕과 지식을 추구하기 위해 창조되었다."라는 명령조의 문장과 함께 과학자들의 주체적인 열정을 잘 반영하고 있다. 과학은 거대한 퍼즐이고, 각 조각이 올바른 위치에 놓이면 다른 조각도 맞출 가능성이 열린다. 이 방대한 모자이크 속에서 과학자들은 각자 헌신한 지식이 담긴 타일을 추가하고, 이들의 이름이 잊혀질 때면 나중에 온 과학자들이 이전 과학자들의 어깨에라도 올라타 더 먼 곳을 내다보려 한다.

어느 과학 사업의 생생한 은유를 한번 떠올려 보겠다. 한밤중 선원 몇 명이 어느 낯선 섬에 상륙해 해변에서 불을 지핀다. 그리고 주위를 둘러보기 시작한다. 모닥불에 나무를 더 많이 넣을수록 보이는 영역이 점점 더 넓어진다. 그러나 그 영역 너머는 거의 완전한 어둠이고 멀리 떨어진 희미한 빛만 간신히 감지되며, 모닥불이 커질수록 점점 더 넓어지는 신비로운 장소로 남아 있다. 우리가 우주를 더 많이 탐험할수록 탐험해야 할 새로운 영역은 점점 더 많아진다. 무엇인가를 발견할 때마다 이전에는 결코 생각할 수 없던 수많은 의문을 새롭게 형식화할 수 있게 된다.

그러나 이러한 생각 말고도 과학자들에게는 수수께끼를 푸는 일이 재미있는지가 중요하다. 내 스승인 니콜라 카비보는 무엇을 연구할지 논의하는 자리에서 이렇게 말했다. "재미가 없다면 왜 우리가 이 문제를 풀어야 하지?" 과학자들 중에는 좋아하는 일을 하면서 돈도 번다는 사실이 놀랍게 느껴진다고 말하는 사람이 많다. 내 절친인 아우렐리오 그릴로는 "물리학자가 되기란 힘들고 고되지만, 일하는 것보다야 훨씬 낫지."라는 말을 입에 달고 산다.

그러나 드물게 과학자가 부유한 집안이라 오랫동안 태만하게 연구한 경우를 제외하면(로마 황제의 총애를 받으며 『박물지(*Naturalis Historia*)』를 쓴 대(大)플리니우스(Gaius Plinius Secundus)나 본업이 변호사였던 피에르 드 페르마(Pierre de Fermat)를 생각해 보자.), 보통 과학자는 먹고사는 문제를 항상 안고 있고, 과학도 기본적으로 그런 문제를 해결하기 위해 적용된다. 역사상 최초의 과학 분야 중 하나인 천문학을 보면 알 수 있다. 계절의 흐름과 별의 움직임을 셈하고 월식(태양의 일식처럼 등골이 오싹한 무시무시한 현상은 말할 것도 없다.)을 예측하는 엄청난 권위가 원시 문명에서 어떤 권력을 가졌을지, 밤이 없는 도시에 사는 현대인으로서는 상상하기 어렵다.

후원자야 단순히 문화적이거나 사회적인 명성을 얻기 위해 과학 연구를 후원할 수 있어도, 후원받는 과학자는 자신의 연구가 실제로 적용될 때의 효용을 항상 고려해야 했다. 예를 들어 갈릴레오는 절대 시간을 정의하고 경도를 설정하는 방법으로 정밀 시계 대신 목성 위성들의 식 현상을 이용할 것을 제안했다. 사실 갈릴레오의 제안은 실용화하기에는 너무 복잡했고, 이 문제는 다음 세기에 100년 이상의 연구로 완성된 정밀한 크로노미터를 통해 궁극적으로 해결되었다.

과학 연구의 분배와 조정을 위해 17~18세기에 수많은 대학교가 설립되었고, 이 학교들은 현재까지도 과학계를 주름잡고 있다. 예를 들어 1603년에는 이탈리아에 린체이 아카데미가, 1660년에는 영국에 왕립 협회(Royal Society)가, 1666년에는 프랑스에 과학 아카데미(Académie des Sciences)가, 1743년에는 미국 철학회(American Philosophical Society)가 설립되었다. 미국 철학회는 벤저민 프랭클린(Benjamin Franklin)이 실용 지식을 장려할 목적으로 설립했다는 점이 특히 흥미롭다.

해가 갈수록 과학은 사회적으로 점점 더 유용해졌지만(경제 발전은 과학 진보를 배경으로 이루어졌다.) 비용은 점점 더 비싸졌고 점점 더 복잡한 설비와 조직이 필요해졌다. 제2차 세계 대전은 막대한 자본과 인력을 필요로 하는 과학(일명 '거대 과학')의 첫 신호탄이었다. 버니바 부시(Vannevar Bush)는 미국 과학자 6,000명을 통솔하는 책임자였고, 같은 시기 5만 명의 인력이 최초의 원자 폭탄 제작에 참여했다. 현재 이탈리아에서 연구 개발 분야에 들어가는 비용은 국내 총생산의 1퍼센트를 조금 넘는 정도이지만, 대한민국의 경우 4퍼센트가 넘는다. (대한민국은 2002년 월

드컵에서 이탈리아를 탈락시켰고, 연구 개발 분야에서도 이탈리아의 3배 이상 투자하고 있다.)

과학 기관이 설립되려면 시민 사회로부터 경제적 지원을 받아야 하는데, 사회는 과학자들이 재미있어하는지 아닌지는 중요하게 여기지 않는다. 이러한 관점은 1931년 런던에서 열린 과학 기술사 대회에서 소비에트 대표단이 아주 명확하게 표명한 바 있다. 훗날 이오시프 스탈린(Iosif Stalin)이 주도한 대숙청의 희생자 명단 중 가장 거물급 정치인으로 기록될 니콜라이 부하린(Nikolai Bukharin)이 "과학 그 자체가 목적이라는 생각은 순진하다. 그런 생각은 매우 엄격한 분업 체계에서 일하는 전문 과학자의 주관적인 열정과 …… 실질적으로 매우 중요한 이런 활동을 할 때 가져야 할 객관적인 사회적 역할을 헷갈리게 한다."라고 말했던 것이다.

기술의 진보는 순수 과학의 발전과 별개로는 생각할 수 없다. 1977년에 출간된 『꿀벌과 건축가(*L'Ape e l'Architetto*)』(물리학자들인 조반니 치코티(Giovanni Ciccotti), 마르첼로 치니(Marcello Cini), 미켈란젤로 데 마리아(Michelangelo De Maria)가 함께 쓴 이 책은 과학과 사회의 관계를 성찰하며 환경 문제 등 다양한 문제를 제기해 이탈리아 사회에서 큰 화제를 불러일으켰다고 한다. — 옮긴이)에 잘 설명된 것처럼, 순

수 과학은 응용 과학이 발전하는 데 필요한 지식만 제공하는 것이 아니라 (언어나 은유, 개념적 틀처럼) 그에 못지않은 중요한 역할도 한다. 실제로 기초 과학 활동은 기술의 산물을 검사하고 고품질 첨단 기술 제품의 소비를 자극하는 거대한 순환 회로와 같은 작용을 한다.

심오한 과학과 기술의 통합은 첨단 기술에 점점 더 의존하는 사회에서 과학의 미래가 밝다는 생각을 하게 할 수 있다. 현재 누구나 손에 들고 있는 스마트폰은 초당 수천억 회의 계산 능력에 도달했는데, 이 정도면 25년 전의 거대 슈퍼컴퓨터와 맞먹는 수준이다.

사실 요즘은 정반대가 된 것 같다. 현대 사회는 반과학적 경향이 강하고, 그러한 분위기 속에서 과학의 명성과 신뢰가 급격히 떨어지고 있으며 점성술이나 동종 요법, 반과학적 관행(코로나19 팬데믹 중에 일어난 백신 거부 운동뿐만 아니라, 2019년 이탈리아 풀리아 주에서 포도피어슨병균(*Xylella fastidiosa*)이 올리브나무 병해의 원인임을 부인했던 사건을 생각해 보자.)이 탐욕스러운 기술 소비와 함께 확산되고 있다.

이러한 현상의 기원을 모두 알기란 쉽지 않다. 과학에 대한 대중의 불신은 실제로는 전혀 그렇지 않은 경우에도 과학이 다른 학문과는 차원이 다른 절대 지식이라고 과시하는 과학자들의 오만함 때문에 불거졌을 수 있다. 가끔 이러한 오만은 제시된 증거를 대중에게 전달하려 하지 않고 전문가들의 신뢰를 바탕으로 무조건적인 동의를 구하려는 자세에서 비롯되기도 한다. 이것은 자신의 명성이 떨어질까 염려하는 과학자들이 본인의 한계를 인정하지 않으려는 행동이다. 이러한 과학자들은 어떤 식으로든 자신의 견해가 가진 편향과 한계를 지적하는 대중 앞에서 진정성이 아닌 과도한 안정성을 과시하는 경우가 많다. 간혹 불량한 과학 전도사는 과학의 결과가 마치 과학에 입문한 사람들만 그 동기를 이해할 수 있는 신비한 주술이나 되는 양 선전하기도 한다. 이런 식으로 대중은 과학자가 아니면 접근 불가능한 마법으로 인식되는 과학 앞에서 비합리적인 존재로 격하되고, 뒤이어 다른 비합리적인 희망을 선호하게 될 수 있다. (이탈리아의 저널리스트 마르코 데라모(Marco D'Eramo)가 1999년에 쓴 『헬리콥터를 탄 마술사(*Lo Sciamano in Elicottero*)』에서 상세하게 다룬 주제다.) 과학이 사이비 마법이 된다면 진짜 마법을 선택하는 편이 낫지 않을까?

기술 발전이 과학 발전으로 이어져야 한다는 필연성에 대한 무지성적 신뢰는 비극의 단초가 될 수 있다. 고대 로마 인들은 과학에 그다지 신경 쓰지 않고 그리스 기술을 보존했다. 교회의 교부이자 성인인 알렉산드리아의 키릴로스(Cirillo di Alessandria)가 이끌던 신자들은 장기적인 결과를 우려하지 않고, 해롭지는 않아도 불필요하다고 여겨졌던 불경한 지식이 사라지는 것만을 기뻐하면서 수학자이자 천문학자인 히파티아(Hypatia)를 조용히 참살해 버렸다.

그러나 세계 곳곳에서 과학이 계속 발전하고 기술을 이끌어낸다 해도 그것이 이탈리아와 같은 나라에서도 가능하리라는 보장은 전혀 없다. 체계적인 탈산업화는 올리베티(Olivetti) 같은 이탈리아 IT 기기 기업이 쇠퇴한 후 후 연구 개발에 대한 산업계의 무관심이 점점 확연해지는 상황과 더불어, 1962년 전 이탈리아 하원 의원 엔리코 마테이(Enrico Mattei)의 의문스러운 비행기 추락사 이후 이탈리아 역사의 흐름이 되었다. (마테이는 제2차 세계 대전 이후에 국립 탄화수소 공사(Ente Nazionale Idrocarburi, ENI)의 초대 총재를 맡으면서 세계 7대 정유사의 과점을 깨려고 했는데, 이것을 그의 사인으로 보는 음모론이 있다. — 옮긴이) 우리 위정자들이 이탈리아 경제에서 산업과 연구를 점점 더 부차적인 지위로 끌어내리고, 이탈리아가 서서히 제3세계로 흘러가도록 결정했을 가능성이 크다.

공립 학교가 서서히 쇠퇴하고 문화 유산에 대한 정부 재정 투자가 회수되는 상황까지 고려하면 이탈리아의 '모든' 문화 활동이 느리지만 꾸준히 쇠퇴하고 있음을 알 수 있다. (로마 콜로세움의 복원은 개인 기부금으로 이루어졌고, 이탈리아 정부의 공연 예술 지원금(FUS)이 해마다 감소해 20년 전 비축된 금액의 절반밖에 되지 않는다는 실제 사례가 존재한다.)

우리는 모든 전선에서 이탈리아 문화를 수호해야 하며, 신세대에게 문화를 물려줄 능력을 상실해서는 안 된다. 이탈리아 인에게 문화가 없다면 남는 게 뭐가 있을까? 유치원 교사부터 대학 교수, 프로그래머에서 시인에 이르기까지 이탈리아의 모든 문화인들은 공동 전선을 만들어 작금의 문화적 비상 사태에 맞서 싸워야 한다.

과학은 실용적인 측면뿐만 아니라 문화적 가치를 위해서도 수호되어야 한다. 우리도 로버트 윌슨(Robert Wilson)이 보여 준 것과 같은 용기를 가져야 한다. 윌슨은 1969년 미국 상원 의원과 마주쳤을 때 시카고 인근 페르미 연구소(Fermilab)에 입자 가속기를 건설하는 것이 국가 안보, 특히 군사적 측면에서 무엇이 유용한지 집요하게 추궁당하자 이렇게 대답했다. "가속기의 가치는 문화에 대한 사랑에 있습니다. 그림이나 조각, 시처럼 미국인

들이 애국적으로 자랑스러워하는 모든 활동이라고 할 수 있죠. 가속기는 이 나라를 지키는 데 사용되는 것이 아니라, 이 나라를 지킬 가치가 있는 것으로 만드는 데 사용됩니다."

과학이 하나의 문화로 인정받으려면 과학이 무엇인지, 역사 발전과 현재 상황에서 과학과 문화가 서로 어떻게 얽혀 있는지를 대중이 알게 해야 한다. 현역 과학자들이 무엇을 하는지나 지금 어떤 것에 도전하고 있는지도 마법 같지 않은 방식으로 설명해야 한다. 수학에 기반을 두는 고등 과학은 그런 설명이 쉽지 않다. 그러나 노력을 기울이면 좋은 결과를 얻을 수 있다.

수학을 공부하지 않은 사람은 고등 과학을 이해하지 못하겠다고 말할 때가 많다. 글과 서체를 항상 함께 감상해야 하는 한시(漢詩)에도 같은 문제가 있다. 이미 한 폭의 그림인 서예 작품에서 한자 하나하나는 모두 회화적 요소다. 이 표의 문자가 매번 다른 방식으로 표현되기 때문이다. 회화적 차원은 번역 중에 완전히 상실되기 때문에 중국어를 잘 모르는 사람은 그 아름다움을 온전히 감상하지 못한다. 그러나 이탈리아 어로도 한시의 아름다움을 감상할 수 있는 것처럼, 수학을 잘 모르고 과학 공부를 하지 않은 사람도 어려운 과학의 아름다움을 이해하게 할 수 있다.

쉽지 않지만 불가능한 일도 아니다. 수많은 사람이 현대 과학에 다가갈 수 있게 해 주는 활동을 진흥해야 한다. 그렇지 않으면 과학자도 책임을 피할 길이 없을 것이다.

8장
난 아무것도 후회하지 않아요

CERN에서 함께 점심을 먹던 중 마르티뉘스 펠트만(Martinus J. G. Veltman)이 내게 "너무 많은 일에 손대지 말고, 중요한 일 몇 가지에만 집중하라."라고 충고했다.

나는 25세의 나이에 노벨상을 바로 코앞에서 놓친 경험이 자랑삼아 이야기할 만한 일인지, 부끄러워서 잊는 게 나은 비밀스러운 일인지 판단이 서지 않는다. 나는 그냥 잊고 사는 편이 낫다고 생각하는 쪽이지만, 재미있는 이야기라 여기서도 한번 해 보려 한다. 그런데 자칫 무미건조할 수도 있어서 문맥을 잘 이해하도록 독자가 노력하기를 당부한다.

1960년대 말로 거슬러 올라가 보자. 당시에 기본 입자에 관한 실험적 그림은 아주 명확했다. 양성자, 중성자, 그리고 알려진 몇 가지 입자들은 서로 강하게 상호 작용을 했다. 다시 말해 이 입자들을 충돌시키면 궤적이 변경되고, 아주 높은 에너지에서 충돌하면 다른 입자가 수없이 생성된다. 놀랍게도 양성자 2개가 당구공 2개처럼 서로 탄력적으로 튕겨나가는 탄성 충돌(elastic collision)은 충돌 에너지가 매우 높을 때 극히 드물게 발생한다.

이러한 충돌이 드물게 일어나는 이유는 양성자와 중성자가 복합 입자라는 이론으로 설명되었다. 충돌하는 동안 말 그대로 산산조각이 나므로 온전한 상태를 유지하면서 튕겨나올 수가 없는 것이다. 그렇다면 기본 구성 요소들, 즉 양성자와 중성자를 형성하는 입자들이 어떻게 행동하는지를 알아내야 했다. 여기에는 두 가지 가능성이 있었다.

① 이 입자들이 서로 튕기는 충돌은 에너지가 높은 상태에서도 빈번하게 일어난다. 따라서 이 입자들은 모든 에너지 상태에서 서로 강한 상호 작용을 하는 것이다. 이 경우 물질의 행동은 여전히 파악하기 어려운 상태를 유지하고, 높은 에너지 상태에서 단순화되는 경향도 없다.

② 기본 입자들은 탄성 충돌이 드물게 일어난다. 즉 입자들은 높은 에너지 상태에서 약한 상호 작용을 하고 서로를 거의 통과한다. 양성자와 중성자를 구성하는 요소들이 고에너지 상태일 때의 거동은 계

산하기가 쉽다. 마치 상호 작용을 하지 않는 것처럼 실질적으로 구성 요소들의 궤적이 바뀌지 않는다. 이러한 유형의 이론은 현재 '점근적 자유도(asymptotic freedom)'를 갖는다고 정의된다. (물리학 용어 '점근적'은 '대량의 에너지' 상태를 뜻하며, 입자가 궤적에서 이탈하지 않을 때 자유롭다고 말한다.)

점근적 자유도 이론은 고에너지 상태에서 상당히 간단한 방식으로 몇 가지 양을 계산할 수 있다는 이점이 있다. 그래서 이론 물리학자들이 좋아할 정도로 잠재적으로 예측할 수 있는 많은 현상이 발생한다. 그러나 우주가 이론 물리학자의 삶이 편해지는 방향으로 설계되었을 가능성은 거의 없다. 이 주장은 우주가 점근적 자유도 이론으로 반드시 설명될 수 있다는 가능성을 보여 주지 않는다.

나는 첫 번째 가능성 쪽으로 연구를 하기 시작했다. 파악하기 훨씬 어렵고 결과물을 얻으려면 더 큰 도전을 해야 하는 상황이라 마음에 들었다. 사실 비유하자면 '너무 시어서' 포도를 안 먹겠다는 이솝 우화의 여우와 비슷한 상황이었다. 존재 가능한 구성 요소들이 에너지가 높아질수록 상호 작용을 점점 덜 한다는 이론을 생각한 사람은 그때까지 아무도 없었다. 내가 보기에는 이 문제를 떠올려 본 사람이 몇 명 있다 해도 아마 이런 이론은 존재할 리 없다고 판단했을 것이다. 1955년 러시아의 천재 물리학자 레프 란다우(Lev Landau)는 전자기 상호 작용과 유사하지만 장 자체가 전하를 띠는 상호 작용(양-밀스 이론(Yang-Mills theory) 상호 작용)을 제외하면 알려진 모든 이론에서 에너지가 증가함에 따라 상호 작용의 강도가 증가한다는 점에 주목했는데, 양-밀스 이론의 경우 수학이 어려워서 이것이 사실인지 아닌지 아직 알 수 없었다. 기술적 관점에서 레프 란다우는 대량의 에너지 변동을 제어하는 함수(일반적으로 베타(beta)라고 한다.)가 존재한다는 사실을 알아냈다. 이 베타 함수가 양수이면 상호 작용이 계속 강하게 유지되고, 베타 함수가 음수이면 점근적 자유도 이론이 된다.

1968년 리처드 파인만은 알려진 입자들이 고에너지 상태에서 간과할 수 있을 정도의 상호 작용을 하는 점 형태의 요소들로 구성되어 있다고 제시했고, 이 구성 요소를 물질의 일부라는 뜻에서 쪽입자(parton)라 불렀다. 이 제안이 성공을 거뒀는데도 점근적 자유도 이론을 구현하려는 노력은 점점 시들어 갔다.

1972년이 되어서야 시드니 콜먼(Sidney Coleman)이 레프 란다우의 결론을 완벽하게 정당화하고 이는 란다우의 연구보다 훨씬 더 복잡한 모형에서도 마찬가지임을 증명해 보였다. 남은 것은 양-밀스 이론을 연구해 베타 함수의 부호를 파악하는 것이었다. 음수 부호는 예상치 못한 심각한 물리적 결과였다. 무슨 운명의 장난인지, 수년이 지난 후에야 1969년에 한 러시아 물리학자 이오시프 벤시오노비치 크리플로비치(Iossif Bencionovič Chriplowitsch)가 이미 계산에 성공해 이를 영어로 번역되는 러시아 학술지에 실었다는 사실을 알게 되었고, 심지어 그 학술지는 우리 도서관에도 있었다. 이 가난한 물리학자는 시대를 앞서간 사람이었다. 그의 계산은 상당히 기품 있고 명확했으나 그 누구도 결과에 관심을 가지지 않았다. 나는 그 학술지에서 다른 연구 내용을 찾아보다가 크리플로비치의 논문을 우연히 발견하게 되었다.

당시 나는 양-밀스 이론에서 베타 함수 부호의 계산이 중요함을 명확하게 알고 있었다. 그러나 다른 문제(상전이 연구)를 연구하고 있어 그 계산에 많은 시간을 쏟지 못했다. 지금 기억하기로는 1972년 봄에 시드니 콜먼의 연구 내용을 읽은 후, 나는 이 이론에서 베타 함수의 부호에 대해 생각하기 시작했다. 어느 날 부모님 댁에서 욕조에 몸을 담그고 오렌지색 대리석으로 덮인 벽을 뚫어져라 바라보며 그 문제에 대한 생각에 빠져 있었다. 그러다 어느 순간 베타 함수가 서로 다른 세 부분의 합으로 구성되어야 한다는 사실을 알게 되었다. 두 부분은 부호가 반대라 서로를 상쇄하고, 세 번째 부분은 번복 불가능한 양수로 합계가 반드시 양수여야 했다. 그러나 내가 이론상으로만 알고 있고 실제로 사용해 본 적은 없던 양-밀스 이론의 계산 규칙과 함께 시간을 조금 더 투자했다면 네 번째로 음수 부분을 추가해야 하고, 이 부분의 계산 결과가 음수가 된다는 사실을 금방 깨달았을 것이다. 하지만 나는 양수 결괏값에 만족해서 계산을 검토하지 않았고 잘못된 확신을 하게 되었다. 그런데 이것이 이 일화에서 내가 말하려던 부분은 아니다. 딱히 중요하지 않은, 성급함 때문에 빚어진 전형적인 실수지만, 이전의 사건들을 구체화하는 데는 유용하다는 자기 변호를 하고 싶다.

어쨌든 그 후로 상황이 급속도로 바뀌기 시작했다. 1972년 여름 프랑스에서 열린 마르세유 학회에서 당시 26세의 물리학자 헤라르뒤스 엇호프트(Gerardus 't Hooft)가 양-밀스 이론의 베타 함수 부호를 계산했다고 발표했는데……, 결괏값이 음수였다! 이 위대한 발표는 완전히 외면당했고 학회에 참석한 사람도 별로 없었던 데다 큰 관심을 받지도 못했다. 1년쯤 지난 후에 이 분야의 전문가인 내 친구가 당시 이야기를 꺼내며 엇호프트가 무슨 말인가 한 것은 기억이 나는데, 어떤 내용이었는지는 떠오르지 않는다고 했다.

헤라르뒤스 엇호프트가 한 연구 결과의 중요성을 완전히 이해한 사람은 50대의 천재 물리학자 쿠르트 쥐만치크(Kurt Symanzik)밖에 없었다. 이 독일 물리학자는 엇호프트에게 이 주제에 관한 논문을 써 보라는 격려까지 했다. 엇호프트는 논문 지도 교수인 마르티뉘스 펠트만과 함께 약한 상호 작용 이론에 대한 기본적인 문제를 해결하자마자(이 연구로 1999년에 노벨상을 함께 받았다.) 극도로 어려운 양자 중력 계산을 설정하기 시작했다. 그에게 베타 함수 계산 정도는 연습 문제 풀이밖에 되지 않았고, 기록으로 남길 시간이 없었을 뿐이었다.

나는 쿠르트 쥐만치크와 아주 가까운 친구였다. 같은 해 11월에 그를 만나러 함부르크에 가서 2주 동안 지내다 오기도 했다. 당시 쥐만치크가 텔레비전 방송국 최상층에 있는 식당에 나를 데려갔는데, 케이크를 마음대로 다 먹을 수 있는 곳이었다. (여섯 종류의 케이크가 준비돼 있었고 나는 다 한 조각씩 먹어 봤다.) 그리고 황홀한 「마술 피리(Die Zauberflote)」 오페라 공연도 보고 그의 집에 저녁 식사 초대를 받아 기름에 절인 고등어를 올린 크래커에 연유를 탄 우유를 곁들여 먹으며 수십 시간 동안 물리학에 관한 이야기를 했다. 같이 관심을 가질 만한 온갖 주제를 다 끌어모았지만, 놀랍게도 그는 엇호프트의 연구 결과에 대해서는 내게 한 마디도 언급하지 않았다. 1년 후 펠트만에게 들은 바에 따르면 쥐만치크가 파리시는 “너무 거칠고 성급해서” 아무 말도 하지 않는 편이 나을 것 같다고 했다고 한다. 그는 내가 엇호프트의 공헌은 인정하더라도 그의 연구 결과를 이용해 논문을 쓸까 봐 걱정했던 것이다. 나로서는 이상할 것이 전혀 없는 일이었지만, 쥐만치크는 제3자가 끼어드는 대신 엇호프트가 직접 자신의 연구 결과를 세상에 알리게 하려 했다.

1973년 2월이 되어서야 쥐만치크를 통해 엇호프트의 연구 결과가 세상에 알려졌다. 당시 나는 상전이 연구에서 중요한 성과를 거둔 직후여서 그 결과에 큰 관심을 둘 수 없었다. 하지만 내가 제네바의 CERN으로 옮긴 지 얼마 안 되었을 때였고, 엇호프트도 같은 곳에서 일하고 있어 아침 식사를 하며 그의 연구 결과를 양성자와 다른 점근적 자유도 입자들에 대한 이론 구축에 어떻게 사용할 것인지 이야기를 나누기로 했다. 이 이론의 기초가 될 구성 요소들을 구분하고, 특정한 경우 엇호프트의 계산에서 음수 베타 함수가 나오는지를 확인해야 했다. 이것은 겉보기에는 쉬워 보였다.

1964년에 쿼크 가설이 세워지고, 1971년에 머리 겔만과 존 바딘(John Bardeen), 하랄트 프리치(Harald Fritzsch)는 쿼크가 세 가지 색깔로 존재하고 색깔을 가진 글루온을 교환하며 상호 작용한다는 이론을 제시했다. 엇호프트는 본질적으로 양-밀스 이론에 쿼크가 추가된 글루온에 관한 연구를 한 것이었다. 나는 겔만의 이론을 완벽하게 알고 있었다. 겔만이 직접 로마에 와서 어느 공개 학회에서 자신의 이론을 소개하면서, 이 이론이 프라스카티에 위치한 아도네(ADONE) 가속기에서 나온 자료를 설명할 수 있음을 증명했다. 당시 내가 일하던 연구소였다. 겔만의 논증은 쿼크가 고에너지 상태에서 상호 작용을 하지 않는다는 가설, 즉 자신의 이론이 점근적 자유도 이론이라는 점을 기초로 했다. 나는 쿼크가 고에너지에서도 상호 작용을 계속한다는 반대 가설에 주목했고, 매우 오만하게 겔만의 연구 결과는 쿼크가 상호 작용을 하는 이론의 모든 복합성을 고려하지 않았으므로 단순하다고 치부해 버렸다. 정말이지 잊고 싶은 기억이다.

기억을 돌이켜 보면 엇호프트와의 대화는 초현실적이었다.

"안녕하세요, 엇호프트 씨. 정말 대단한 성과를 거두셨네요. 이 결과를 양성자와 다른 입자들을 설명하는 이론을 세우는 데 사용할 수 있을지 한 번 볼까요?"

"좋은 생각이네요, 조르조 박사님! 그런데 어떻게 해야 하죠? 양-밀스 장들은 어떤 유형이든 전하가 있어야 하는데요! 어떤 전하로 할까요?"

"전자 전하나 같은 유형의 다른 전하를 선택하면 될 거예요."

"안 됩니다, 조르조 박사님. 실험 자료 때문에 걷잡을 수 없는 난관에 이르게 될 거예요!"

"허점을 찾아 제가 제안한 방법을 사용할 수 있게 해 봅시다."

"아뇨, 그건 불가능해요."

엇호프트는 자신의 논리를 상세하게 설명했고, 결국 나는 그 어떤 결함도 찾아내지 못했다.

"당신 말이 맞았어요, 엇호프트! 당신의 이론은 양성자나 다른 입자들을 설명하는 데는 적용할 수 없어요. 안타깝군요. 조만간 또 봅시다."

우리는 겔만이 제시한 색깔 전하는 고려할 생각도 하지 못했다. 내가 어디선가 겔만이라는 이름이 적힌 것을 봤다면(예컨대 칠판 같은 곳에서), 혹은 며칠 후 누군가 식사 자리에서라도 겔만 모형에 대한 이야기를 했다면 한달음에 엇호프트에게 달려가 "유레카!"라고 외쳤을 것이다. 우리는 며칠 동안 꼼꼼히 검토한 후 출판사에 연구 내용을 보냈다. 내가 모든 책임을 져야 하는, 믿기 힘들 정도로 무모한 행동이었다. 엇호프트는 아주 심오한 이론 물리학자로 극도로 정제된 이론적 측면도 분석할 수 있는 사람이었다. 그에 반해 나는 문헌에 제시된 다양한 모형, 즉 실험 작업들을 정확히 알고 있었다. 그러니까 올바른 모형을 식별해야 하는 것은 나였다. 1973년 그날 오후, 우리는 노벨상을 받을 기회를 잃고 말았다. 다행히 우리 둘 다 그때가 유일한 기회는 아니었다.

몇 개월이 채 지나지 않아서 한편에서는 데이비드 폴리처(David Politzer)가, 다른 한편에서는 데이비드 그로스(David Gross)와 프랭크 윌첵(Frank Wilczek)이 동시에 엇호프트의 계산을 다시 해 양-밀스 장들의 전하를 정확하게 구분했다. 그렇게 양자색역학이 탄생했고, 이 논문 덕분에 2004년 3명의 노벨상 수상자가 나왔다. 내게는 그저 재미있는 이야깃거리가 하나 생겼을 뿐이었다.

여러 해가 지난 후, 어느 학회에서 이 과정을 옆에서 지켜본 친구를 만났다. 복도에서 1982년에 상전이 이론으로 노벨 물리학상을 받은 케네스 윌슨에 대한 이야기를 하게 되었다. 특히 "점근적 비(非)자유도 이론이 훨씬 더 품위 있다."라는 윌슨의 주장이 떠올랐는데, 친구의 이야기는 우주는 재단사가 만든 것이 아니기 때문에 이론의 품위는 결정적 기준이 아니라는 것이었다. 나는 당시에 윌슨의 의견에 전적으로 동의했고, 그래서 만족할 만한 점근적 자유도 이론을 찾는 데 그다지 몰두하지 않았다고 덧붙였다. 그리고 엇호프트와 나눈 대화를 말해 주고 싶었다. 친구는 금방 요점을 잡아냈다.

"그런데 조르조, 겔만이 제시한 색깔을 이용할 생각은 못 한 건가?"

"못 했어."

"어떻게 그럴 수가 있어!"

"정말 생각이 안 나더라고."

"딱 30분만 더 생각했어도 떠올랐을 거야."

참고 문헌

안나 파리시(Anna Parisi)가 담당했던 몇 차례의 인터뷰를 계기로 이 책을 집필하기 시작한 지 꽤 여러 해가 흘렀다. 그녀와의 인터뷰는 각 장의 제목이 되었고, 나는 2021년 10월에 노벨상을 받은 연구의 동기와 관련된 주제만 수집해 진행하기로 했다. 안나 파리시와 친척 관계는 아니지만, 그녀를 통해 과학과 소통하는 다양한 프로젝트에 기꺼이 참여했고, 이 책의 초고 작성에 도움을 받기도 했다.

본문 중 3개의 장은 예전에 출간된 내용이나 몇 가지를 수정하면서 다시 집필했다. 「과학과 은유」, 「아이디어는 어디서 오는가」는 린체이 아카데미의 로마 학회에서 각각 "과학계의 은유와 상징"(2013년 5월 8~9일), "창의력의 자연사"(2009년 6월 3~4일)라는 제목으로 발표된 연설의 원고고, 2014년과 2010년에 스키엔체 에 레테레(Scienze e Lettere) 출판사에서 두 권으로 출판되었다.

「과학의 의미」는 《사이언티픽 아메리칸(*Scientific American*)》의 이탈리아 어판인 월간지 《레 스키엔체(*Le Scienze*)》의 50주년 기념호(2018년 9월)에 「과학은 어디에 필요한가」라는 제목으로 발표된 기사였다.

각 장의 시작 부분에 있는 문장은 가브리엘레 베카리아(Gabriele Beccaria)와 수년에 걸쳐 프란체스코 바카리노(Francesco Vaccarino), 루이사 보놀리스(Luisa Bonolis), 누치오 오르디네(Nuccio Ordine)와 인터뷰한 내용에서 발췌한 것이다.

다음은 각 꼭지에서 인용한 문헌과 그 출전을 나열한 것이다.

찌르레기의 비행

조르조 파리시 연구진의 첫 번째 연구 결과 발표 논문. M. Ballerini, N. Cabibbo, R. Candelier et al., Interaction ruling animal collective behavior depends on topological rather than metric distance: Evidence from a field study, *Proceedings of the National Academy of Sciences* 105, no. 4 (2008). pp. 1232-1237.

막스 플랑크의 발언. N. Bohr, *Collected Works, vol. II*., edited by U. Hoyer, Amsterdam: Elsevier Science Ltd, 1981. 여기에서 아르놀트 좀머펠트(Arnold Sommerfeld)가 보어에게 보낸 1913년 10월 4일 서신.

50여 년 전 로마의 물리학

1964년 1월 겔만과 츠와이그가 개별적으로 쿼크 모형을 제시한 논문. M. Gell-Mann, A schematic model of baryons and mesons, *Physics Letters* 8, no. 3 (1964), pp. 214-215; G. Zweig, An SU(3) model for strong interaction symmetry and its breaking, CERN Report No. 8182/ TH.401, 1964.

색깔의 추가. O. W. Greenberg, Spin and unitary-spin independence in a paraquark model of baryons and mesons, *Physical Review Letters* 13, no. 20 (1964), pp. 598-602.

쿼크과 송아지의 철학. M. Gell-Mann, The symmetry group of vector and axial vector currents, *Physics* 1, no. 1 (1964), pp. 63-75.

상전이, 혹은 집단 현상

재규격화 군 관련으로 언급된 케네스 윌슨의 논문. K. G. Wilson, Renormalization group and critical phenomena. I. Renormalization group and the Kadanoff scaling picture, *Physical Review B* 4, no.9 (1971), pp. 3174-3183; K. G. Wilson, Renormalization group and critical phenomena. II. Phase-space cell analysis of critical behavior, *Physical Review B* 4, no. 9 (1971), pp. 3184-3205; K. G. Wilson, Renormalization group and strong interactions, *Physical Review D* 3, no. 8 (1971), pp. 1818-1846; K. G. Wilson, Feynman-graph expansion for critical exponents, *Physical Review Letters* 28, no. 9 (1972), pp. 548-551; K. G. Wilson, M. E. Fisher, Critical exponents in 3.99 dimensions, *Physical Review Letters* 28, no. 9 (1972), pp. 240-243.

스핀 유리, 무질서의 도입

스핀 유리 모형이 최초로 제시된 논문. S. F. Edwards, P. W. Anderson,

Theory of spin glasses, *Journal of Physics F: Metal Physics* 5, no. 5 (1975), pp. 965-974; D. Sherrington, S. Kirkpatrick, Solvable model of a spin-glass, *Physical Review Letters* 35, no. 26 (1975), pp. 1972-1996.

조르조 파리시가 출간한 논문. (출간 순서별) G. Parisi, Toward a mean field theory for spin glasses, *Physics Letters A* 73, no. 3 (1979), pp. 203-205; G. Parisi, Infinite number of order parameters for spin-glasses, *Physical Review Letters* 43, no. 23 (1979), pp.1754-1756; M. Mézard, G. Parisi, N. Sourlas, G. Toulouse, M. Virasoro, Nature of the spin-glass phase, *Physical Review Letters* 52, no. 13(1984), pp. 1156-1159.

파리시가 출간한 단행본. M. Mézard, G. Parisi, M. Virasoro, *Spin Glass Theory and Beyond: An Introduction to the Replica Method and Its Applications*, Singapore: World Scientific Publishing Company, 1987.

추가 참고 문헌. G. Parisi, F. Zamponi, Mean-field theory of hard sphere glasses and jamming, *Reviews of Modern Physics* 82, no. 1 (2010), pp. 789-845.

과학과 은유

앨런 소칼의 논문. A. D. Sokal, Transgressing the Boundaries: Toward a Transformative Hermeneutics of Quantum Gravity, *Social Text* 46/47 (1996), pp-217-252; (www.jstor.org/stable/466856에서 열람 가능.)

이제까지 함께 공부하고 연구한 스승님이나 제자, 동료 들의 공이 없었다면 나는 과학자가 되지 못했을 것이다. (당연히 연구도 집단적인 현상이며 복잡계다.) 여기서는 기억나는 도서 중 일부만 기재했다. 기억하지 못해 지면에 싣지 못했지만, 함께해 준 수백 명의 동료와 지인 들에게 진심으로 감사의 마음을 전한다.

인명 찾아보기

가

게라, 프란체스코(1942년~) 이탈리아의 수리 물리학자. 1979년부터 로마 사피엔차 대학교에서 이론 물리학 교수로 재직했다. 양자장 이론 연구와 스핀 유리의 수학 이론에 독창적인 기여를 했다. 그는 파비오 토니넬리(Fabio Toninelli)와 함께 셰링턴-커크패트릭 모형에서 자유 에너지의 열역학적 한계가 존재함을 증명했고, 깨진 복제 대칭 묶음에 대한 그의 발견은 파리시 공식의 증명으로 이어졌다. ☞ 100쪽

겔만, 머리(1929~2019년) 입자 물리학 이론의 발전을 이끈 미국의 물리학자. 쿼크의 발견에 공헌했다. 1980년대에는 여러 분야의 연구자가 모여 복잡계 현상을 연구하는 샌타페이 연구소의 설립에 참여했다. 인류학, 언어학 등에도 관심을 보여 관련 연구 프로젝트를 주도하기도 했다. 기본 입자 연구에 끼친 공로를 인정받아 1969년 노벨 물리학상을 받았다. ☞ 52, 173~174, 176쪽

그로스, 데이비드(1941년~) 점근적 자유도를 발견해 양자 색역학의 공식화를 이끈 미국의 이론 물리학자. 양자 색역학은 입자 물리학의 세 가지 기본 힘인 전자기력, 약력 및 강력을 자세히 설명하는 표준 모형의 완성으로 이어졌으며, 이 공로를 인정받아 그는 프랭크 윌첵, 데이비드 폴리처와 함께 2004년 노벨 물리학상을 받았다. ☞ 175쪽

그린버그, 오스카(1932년~) 미국의 물리학자. 강입자의 기본 구성 요소로서 쿼크의 양자수가 SU(3)을 따르는 '색'이라는 가설을 세웠고, 이는 양자 색역학의 탄생으로 이어졌다. 메릴랜드 대학교 컴퓨터, 수리, 자연 과학 대학에서 교수로 재직했다. ☞ 52쪽

그릴로, 아우렐리오 ☞ 42, 152쪽

글래쇼, 셸던(1932년~) 미국의 이론 물리학자. 스티븐 와인버그(Steven Weinberg)와 브롱크스 과학 고등학교, 코넬 대학교에서 동문 수학했다. 1959

년 하버드 대학교에서 줄리언 슈윙거(Julian Schwinger)의 지도 아래 박사 학위를 취득한 후, 1961년 캘리포니아 주립 대학교 버클리 캠퍼스의 교수가 되었다. 1967년부터는 하버드 대학교 교수로 재직했다. 1979년에 스티븐 와인버그, 압두스 살람(Abdas Salam)과 함께 노벨상을 받았다. ☞ 44쪽

나

난부 요이치로(1921~2015년) 양자 색역학과 힉스 보손 연구에 선구자 역할을 한 일본계 미국인 물리학자. 1942년 도쿄 제국 대학 물리학과를 졸업한 뒤 1950년 오사카 시립 대학교 물리학 교수로 임용됐지만 1952년 미국 프린스턴 고등 연구소로 이직했다. 이후 시카고 대학교 물리학과 교수가 되어 1970년 미국에 귀화했다. 2008년 입자 물리학에서 자발적 대칭성 깨짐을 발견한 공로로 고바야시 마코토(小林誠), 마스카와 도시히데(益川敏英)와 함께 노벨 물리학상을 받았다. ☞ 125쪽

다

다윈, 찰스(1809~1882년) 영국의 생물학자이자 지질학자. 생물 종의 다양성과 생명체의 정교함을 설명하는 데 자연 선택을 통한 진화 개념을 도입함으로써 생명과 종의 기원과 진화에 대한 인류의 사고를 혁명적으로 바꾸었다. 자연 선택을 통한 진화 개념을 논증한 3부작 『종의 기원』, 『인간의 유래와 성선택』, 『인간과 동물의 감정 표현』을 비롯해, 『비글 호 항해기』, 『지렁이의 활동과 분변토의 형성』 등의 책을 썼다. ☞ 112~114, 118쪽

단테 알리기에리(1265~1321년) 이탈리아의 시인. 중세의 마지막 시인이자 근대 최초의 시인으로 불리며 문학뿐만 아니라 철학, 정치, 언어, 종교, 자연

과학에 이르기까지 다양한 분야에서 뛰어난 재능을 보였다. 《신곡》을 비롯해 『신생』, 『농경시』, 『향연』 등의 작품이 있다. ☞ 151쪽

대(大)플리니우스(23~79년) 1세기에 활동한 로마 제국의 정치인, 작가, 박물학자, 해군 제독. 성명이 비슷한 조카와 구별하기 위해 대(大)플리니우스라고 부른다. 79년 베수비오 화산 폭발 당시 위험에 빠진 폼페이 주민들을 구하기 위해 노력하다 순직했다. 모든 학문에 깊은 관심을 보였으며, 『박물지』 37권을 저술했다. ☞ 153쪽

데라모, 루체(1925~2001년) 이탈리아의 작가이자 문학 평론가. 파시스트 가정에서 자란 소녀였던 자신이 제2차 세계 대전 중 독일에서 겪은 일을 기록한 자전적 베스트셀러 소설 『우회』로 유명하다. ☞ 144쪽

데라모, 마르코(1947년~) 이탈리아의 언론인. 파시스트 철학 교사였던 파시피코 데라모(Pacifico d'Eramo)와 루체 데라모 사이에서 태어났으나 부모의 이혼 후 어머니와 함께 성장했다. 로마에서 이론 물리학, 파리에서 화학을 공부한 후 언론인으로 활동하고 있다. ☞ 157쪽

데리다, 자크(1930~2004년) 알제리 태생의 프랑스 철학자. 서유럽의 형이상학 전통을 비판하며 문학, 철학 텍스트뿐만 아니라 건축 이론, 정치, 회화, 정신분석학 등 다방면의 서구 문화를 자신의 '탈구축(deconstruction)' 개념을 통해 해체하는 해석 작업을 했다. 『목소리와 현상』, 『기록학에 관하여』, 『문자 기록과 차이』, 『법의 힘』, 『마르크스의 유령들』, 『환대에 대하여』, 『우정의 정치학』 등 80여 권의 책을 썼다. ☞ 115쪽

디 카스트로, 카를로 이탈리아의 물리학자. 통계 역학, 다체 및 응집 물질 물리학에 관한 여러 국제 학회를 조직하고 의장을 맡았으며, 자문 위원회 위원으로 여러 차례 활동하며 여러 논문집의 편집을 담당했다. 여러 대학교와 및 국

제 학교에서 강의했으며, 국제 학회에서 120회 이상의 초청 강연을 하고 160편 이상의 과학 출판물을 공동 저술했다. 사피엔차 대학교 명예 교수이자 린체이 아카데미 회원이다. ☞ 73, 126쪽

디랙, 폴(1902~1984년) 20세기의 가장 중요한 물리학자 중 한 사람으로 손꼽히는 영국의 이론 물리학자. 양자 역학과 양자 전기 역학의 초기 발전에 근본적인 기여를 했다. 1930년 양전자의 존재를 예언했으며, "새로운 생산적 형태의 원자 이론을 발견한 공로"로 에르빈 슈뢰딩거(Erwin Schrödinger)와 함께 1933년 노벨 물리학상을 받았다. ☞ 141쪽

라

라세티, 프랑코(1901~2001년) 이탈리아의 물리학자, 고생물학자, 식물학자. 중성자와 중성자 유도 방사능 연구에서 엔리코 페르미의 주요 협력자 중 한 사람이었다. 1939년 정치적 상황의 악화로 이탈리아를 떠나지만, 동료들과 달리 도덕적 이유로 맨해튼 프로젝트에 참여하기를 거부했다. 1947년 미국 귀화 이후에는 지질학, 고생물학, 곤충학, 식물학에 전념해 캄브리아기에 대한 가장 권위 있는 학자 중 하나가 되었다. ☞ 110쪽

라캉, 자크(1902~1981년) 프랑스의 정신 의학자, 정신 분석학자. 인간의 언어를 욕망을 통해 분석하는 이론으로 독창적인 정신 분석학 체계를 세웠다. 그는 프로이트 사상을 계승한 정신 분석학을 구조주의 언어학으로 재해석해, 인간의 다양한 욕망이나 무의식이 언어를 통해 구조화되어 있다고 주장했다. ☞ 115쪽

란다우, 레프(1908~1968년) (구)소련의 물리학자. 플라스마 물리학의 란다우 감쇠, 양자 전기 역학의 란다우 극, S 행렬 특이점에 대한 란다우 방정식 등

을 비롯해 이론 물리학의 다양한 분야에서 근본적인 공헌을 했다. "2.17켈빈 미만의 온도에서 액체 헬륨 II의 특성을 설명하는 초유체의 수학 이론을 개발한 공로"로 1962년 노벨 물리학상을 받았다. ☞ 168쪽

러셀, 버트런드(1872~1970년) 영국의 철학자, 수학자, 사회 비평가. 케임브리지 트리니티 칼리지에서 수학과 철학을 배웠다. 평화주의자로서 반전 운동 중 투옥되기도 했다. 1944년에 케임브리지 대학교로 복귀했으며, 1950년에 노벨 문학상을 받았다. 만년에는 베트남 반전 운동과 핵폭탄 사용 금지 운동을 했다. 지은 책으로는 『독일 사회 민주주의』, 『수학의 원리』, 『수리 철학의 기초』, 『볼셰비즘의 이론과 실천』, 『서양 철학사』, 『자서전』 등이 있다. ☞ 123쪽

로시, 파올로(1923년~2012년) 이탈리아의 철학자이자 과학사 학자. 르네상스 발전과 17세기 유럽의 과학 혁명사가 주된 연구 분야다. 1931년 무솔리니 정권에 대한 의무적인 충성 맹세를 거부한 3명의 이탈리아 교수 중 하나다. ☞ 140쪽

루빈스타인, 헥터(1933~2009년) 프랑스, 이스라엘에서 활동한 아르헨티나계 물리학자. 부트스트랩 이론을 연구하는 것으로 과학자로서의 경력을 시작했고 비상대론적 쿼크 모형 개발에 적극적으로 참여했다. 바이츠만 연구소에 부임한 후에는 뛰어난 연구자 그룹을 만들어 끈 이론의 토대를 쌓았다. ☞ 53쪽

마

마이아니, 루차노(1941년~) 이탈리아의 물리학자. 1970년 셸던 글래쇼, 이오아니스 일로풀로스와 함께 발표한 논문에서 GIM 메커니즘을 도입하며 맵시 쿼크의 존재를 예견한 것으로 유명하다. 하버드 대학교에서 박사 후 연구원 과정을 거친 이후 1976년 로마 사피엔차 대학교의 이론 물리학 교수가 되었고

1999년부터 2003년 말까지 CERN 사무총장을 역임했다. ☞ 44쪽

마테이, 엔리코(1906~1962년) 이탈리아의 정치가. 제2차 세계 대전 후 파시스트 정권이 설립한 이탈리아 석유 회사 아지프(Agip)를 국립 탄화수소 공사로 확대 개편했다. (구)소련과 석유 수입 계약을 하며 미국의 격렬한 반발을 샀고 중동 빈국들의 독립 운동을 공개 지지하기도 했다. 1962년 그가 탄 밀라노행 제트기가 정확하게 밝혀지지 않은 원인으로 추락하며 사망한다. ☞ 158쪽

맥스웰, 제임스 클러크(1831~1879년) 스코틀랜드의 물리학자, 수학자. 현대 전기 문명의 근간인 전자기학을 정립한 위대한 물리학자로 평가받는다. 전자기학뿐만 아니라 열역학, 통계 역학에도 큰 영향을 끼쳤다. ☞ 112쪽

메자르, 마르크(1957년~) 프랑스의 물리학자. 파리 고등 사범 학교를 졸업하고 파리 제3대학교에서 물리학으로 박사 학위를 받았다. 무질서하고 복잡한 계에 적용되는 통계 물리학, 스핀 유리 이론, 신경망, 정보 이론, 생태 물리학 등 물리학의 전통적 경계를 넘어서는 연구를 주로 했다. 2012년부터 2022년까지 모교인 파리 고등 사범 학교의 학장을 지냈다. ☞ 97, 147쪽

멘델, 그레고어(1822~1884년) 가톨릭 사제로 활동하면서 7년간에 걸친 연구로 '멘델의 유전 법칙'을 발견한 오스트리아의 식물학자, 생물학자. 유전학의 수학적 토대를 마련하고 유전학의 첫 장을 연 사람으로 유명하다. 그는 자신의 연구를 평생 인정받지 못한 채 생을 마쳤지만, 선종한 뒤 마침내 학계에 받아들여졌다. ☞ 113쪽

바

바딘, 존(1908~1991년) 반도체 연구 및 트랜지스터 개발에 기여한 미국의 응집 물질 물리학자. 윌리엄 쇼클리(William Shockley), 월터 브래튼(Walter

Brattain)과 함께 트랜지스터를 개발했고, 그 공로로 1956년 노벨 물리학상을 받는다. 이후 리언 쿠퍼(Leon Cooper), 존 슈리퍼(John Schrieffer)와 함께 초전도 현상을 해명하는 BCS 이론을 완성해 1972년 두 번째 노벨 물리학상을 수상, 노벨상을 두 번 받은 4명의 수상자 중 한 사람이 되었다. ☞ 173쪽

베네치아노, 가브리엘레(1942년~) 끈 이론의 아버지로 널리 알려진 이탈리아의 이론 물리학자. 1968년 끈 이론의 기초를 처음으로 공식화했으며 1991년에는 끈 이론으로부터 급팽창 우주론 모형을 어떻게 얻을 수 있는지를 보여주는 논문을 발표, 대폭발 이전을 끈 우주론적으로 설명하는 시나리오의 가능성을 열었다. ☞ 53~54쪽

보른, 막스(1882~1970년) 양자 역학의 발전에 중요한 역할을 한 독일의 물리학자, 수학자. 고체 물리학 및 광학 분야에도 기여했으며 1920년대와 1930년대에 많은 저명한 물리학자들의 연구를 지도했다. "양자 역학, 특히 파동 함수의 통계적 해석에 대한 기초 연구"에 끼친 공로를 인정받아 1954년 노벨 물리학상을 받았다. ☞ 114쪽

보어, 닐스(1885~1962년) 원자 구조의 이해와 양자 역학의 성립에 기여한 덴마크의 물리학자. 훗날 이 업적으로 1922년에 노벨 물리학상을 받았다. 원자 번호 107번 원소 보륨은 그의 이름을 따서 명명되었다. ☞ 114, 118~119, 141~142쪽

볼츠만, 루트비히(1844~1906년) 고전 통계 역학을 정립한 오스트리아의 물리학자, 철학자. 엔트로피를 통계 역학적 개념으로 정립하고, 맥스웰-볼츠만 분포를 도입했다. 원자와 분자 없이 전자기적 운동을 설명하려 했던 당시 학계 풍조는 그의 원자론과 통계 역학의 정당성을 크게 위협하며 그를 우울하게 했다. 가족과 함께 떠난 여름 휴가길에서 자살했다. ☞ 112쪽

부시, 버니바(1890~1974년) 미국의 공학자. 아날로그 컴퓨터의 선구자지만, 그보다 제2차 세계 대전 시기 과학 연구 개발국(O.S.R.D.)의 국장을 맡아 원자 폭탄을 개발하는 맨해튼 프로젝트를 관리하고 추진한 인물로 더 유명하다. 레이다의 개선과 음파 탐지기 개발에 관여했으며, 미국 방위 산업체인 레이시온의 설립에도 참여했다. ☞ 154쪽

부하린, 니콜라이(1888~1938년) 러시아의 혁명가, 정치가. 1924년 말부터 스탈린의 동지로서 일국 사회주의 정책에 협력했으며 1927년 15차 공산당 대회에서 레프 트로츠키(Lev Trotsky)를 당에서 축출했다. 그러나 스탈린과 집산주의에 대한 이견으로 갈라섰고, 1936년의 대숙청이 시작되면서 국가 전복 혐의로 체포, 형식적 재판 이후 1938년 처형되었다. ☞ 155쪽

비라소로, 미겔(1940~2021년) 아르헨티나의 이론 물리학자. 연구 경력 대부분을 로마 사피엔차 대학교에서 보냈다. 끈 이론, 스핀 유리 연구, 수리 물리학 및 통계 역학 분야의 연구로 유명하며 비라소로-샤피로 진폭, 비라소로 대수, 비라소로 꼭짓점 연산자 대수, 비라소로 군, 비라소로 추측, 비라소로 최소 모형 등이 모두 그의 이름을 따서 명명되었다. ☞ 53~54, 97쪽

사

살루스티, 에토레 ☞ 46쪽

살비니, 조르조(1920~2015년) 이탈리아의 물리학자, 정치가. 프라스카티 연구소에서 이탈리아 최초의 원형 입자 가속기인 전자 싱크로트론의 건설을 담당했다. 1990년부터 1994년까지 린체이 아카데미 회장을 역임했으며, 람베르토 디니(Lamberto Dini) 총리의 1995~1996년 내각에서는 과학 연구 및 기술부 장관을 지냈다. ☞ 36, 40, 44쪽

세그레, 에밀리오(1905~1989년) 이탈리아 태생의 미국 물리학자. 로마 사피엔차 대학교에서 엔리코 페르미를 사사했다. 1938년 파시스트 이탈리아 정부에서 반유대법을 통과시킬 때 여름 휴가차 캘리포니아에 와 있던 그는 애매한 망명자 신세가 되었다. 이후 맨해튼 프로젝트에 참여했으며 1944년 정식으로 미국에 귀화, 캘리포니아 대학교 버클리 캠퍼스에서 물리학 교수로 재직했다. 반양성자를 발견한 공로로 1959년 오언 체임벌린(Owen Chamberlain)과 함께 노벨 물리학상을 받았다. ☞ 110쪽

셰르크, 조엘(1946~1980년) 끈 이론을 연구한 프랑스의 이론 물리학자. 1974년에 존 슈워츠와 함께 끈 이론이 강한 상호 작용뿐만 아니라 중력을 포함한 다른 물리 현상을 설명할 수 있다는 사실을 증명했다. 1980년 34세의 나이로 갑자기 사망했다. 평소 당뇨병을 앓았는데, 처방받은 인슐린을 복용하지 못하고 혼수 상태에 빠졌다고 한다. ☞ 54쪽

소울라스, 니콜라 ☞ 97쪽

소칼, 앨런(1955년~) 미국의 수학자, 물리학자. 통계 역학과 조합론 분야에서 손꼽히는 권위자지만, 대중에게는 포스트모더니즘을 비판한 지적 사기 사건으로 더 유명하다. 현재 영국의 유니버시티 칼리지 런던에서 수학과 교수로 재직하고 있다. ☞ 115~116쪽

셰링턴, 데이비드(1941년~) 영국의 이론 물리학자. 스핀 유리 이론에서 셰링턴-커크패트릭 모형을 만들어 유명하다. 복제 기법과 스핀 유리 이론에 많은 공헌을 했으며, 복잡계 연구와 네트워크 이론에 통계 역학을 적용하는 연구에도 기여를 했다. ☞ 90쪽

슈워츠, 존(1941년~) 끈 이론의 창시자로 평가받는 미국의 이론 물리학자. 캘리포니아 주립 대학교 버클리 캠퍼스에서 이론 물리학을 공부했으며 제프

리 추를 사사했다. 마이클 그린(Michael Green)과 함께한 그의 연구는 1984년 '1차 초끈 혁명'으로 이어졌다. ☞ 54쪽

슈윔머, 아담 ☞ 53쪽

스탈린, 이오시프(1878~1953년) 러시아의 정치가, 공산주의 혁명가, 노동 운동가. 레닌에 이어 (구)소련의 최고 권력자를 지냈다. 그의 집권으로 (구)소련은 독소 전쟁에서 승리하고 전후 초강대국으로 발돋움하는 기반을 닦았지만, 집권 과정과 그 후에 60만 명 이상의 정적을 무자비하게 숙청한 것으로 후대의 비판을 받았다. ☞ 155쪽

아

아데몰로, 마르코(1936~2022년) 입자 물리학의 혁신을 이끈 이탈리아의 물리학자. 1958년 피렌체 대학교를 졸업하고 이듬해부터 모교에서 교수 생활을 시작했다. 1967년부터 1969년까지 그는 하버드 대학교 입자 물리학 및 우주론 연구소에서 가브리엘레 베네치아노, 스티븐 와인버그 등과 함께 산란 행렬의 부트스트랩 이론을 공동 연구했으며, 피렌체 대학교에서 2009년까지 학생들을 가르쳤다. ☞ 53쪽

아마다르, 자크(1865~1963년) 소수 정리의 증명으로 유명한 프랑스의 수학자. 콜레주 드 프랑스, 에콜 폴리테크니크에서 교수로 재직했다. 제2차 세계 대전 도중 나치 독일이 프랑스를 침공하자 유태인이었던 그는 미국으로 망명, 1941년~1944년 동안 미국 컬럼비아 대학교에 머물다 1945년 종전 뒤 프랑스로 귀국했다. ☞ 131, 138, 145쪽

아말디, 에도아르도(1908~1989년) 20세기 최고의 핵물리학자로 평가받는 이탈리아의 물리학자. 제2차 세계 대전 이후 40년 넘게 사피엔차 대학교에서

실험 물리학 의장을 역임했으며 CERN과 유럽 우주국(ESA)의 창설에 결정적인 기여를 했다. ☞ 36, 40~41, 110쪽

아인슈타인, 알베르트(1879~1955년) 독일의 이론 물리학자. 역사상 가장 위대한 물리학자 중 하나로 널리 알려져 있다. 상대성 이론의 개발자로 유명하지만, 상대성 이론과 함께 현대 물리학의 두 기둥이라 불리는 양자 역학 이론의 발전에도 중요한 공헌을 했다. ☞ 118, 133, 136, 141, 147~148쪽

알레바, 엔리코(1953년~) 이탈리아의 생태학자. 피사 고등 사범 학교와 여러 대학교 및 연구 기관에서 동물 행동학 연구를 했다. 이탈리아 우주국의 과학 기술 위원회 의장을 맡고 있으며 현재 이탈리아 고등 보건 위원회와 도시 공공 녹지 개발 위원회의 위원으로 활동하고 있다. ☞ 20쪽

알렉산드리아의 키릴로스(375~444년) 5세기경 활동한 제24대 알렉산드리아 대주교. 다른 기독교 종파와 유대교 및 이교도들과의 과격한 투쟁에 나섰으며 네스토리우스파를 이단으로 단죄했다. 히파티아의 죽음에 간접적으로 관여한 것으로 평가된다. 사후 성인으로 추대되었다. ☞ 158쪽

앤더슨, 필립 워런(1923~2020년) 미국의 물리학자. 고온 초전도체와 응집 물질 물리학을 연구했다. 자기계 및 무질서계의 전기적 구조에 대한 연구에 기여한 공로로 네빌 모트(Nevill Mott), 존 밴블렉(John Van Vleck)과 함께 1977년 노벨 물리학상을 받았다. ☞ 14, 90쪽

엇호프트, 헤라르뒤스(1946년~) 네덜란드의 이론 물리학자. 약한 상호 작용의 양자 역학적 구조를 발견한 공로로 스승인 마르티뉘스 펠트만과 함께 1999년 노벨 물리학상을 받았다. 소행성 9491 엇호프트는 그의 이름을 따서 명명되었다. ☞ 170~176쪽

에드워즈, 새뮤얼(1928~2015년) 웨일스의 물리학자. 고분자, 젤, 콜로이드

같은 복잡한 물질에 대한 이론 연구에 매진했다. 1971년 유리질 계의 무질서 평균 자유 에너지를 평가하기 위해 복제 기법을 발명했으며, 이는 스핀 유리와 비정질 고체에 성공적으로 적용되어 조르조 파리시의 2021년 노벨 물리학상 연구로 이어졌다. ☞ 89쪽

오렘, 니콜(1325~1382년) 중세 후기의 프랑스 철학자. 7세기 유럽의 가장 독창적인 사상가 중 한 사람으로 철학과 천문학, 수학, 경제학, 신학 등 거의 모든 분야에서 두각을 나타냈다. 아리스토텔레스의 저작을 중세 프랑스 어로 번역한 최초의 인물이며 프랑스 샤를 5세(Charles V)의 자문관이기도 했다. ☞ 93~95쪽

요나라시니오, 조반니(1932년~) 양자장 이론과 통계 역학에 대한 연구로 가장 잘 알려진 이탈리아의 이론 물리학자. 자발적 대칭성 깨짐 연구를 난부 요이치로와 함께 개척했으며, 2008년 난부 요이치로가 노벨 물리학상을 받았을 때 공동 작업에 대한 기여를 인정받아 난부를 대신해 스톡홀름 대학교에서 노벨상 수락 강연을 했다. 로마 사피엔차 대학교 물리학과 교수로 재직 중이다. ☞ 73, 122~126쪽

윌슨, 로버트(1914~2000년) 미국의 물리학자. 제2차 세계 대전 시기 맨해튼 프로젝트에 참여했으며 전후에는 페르미 국립 가속기 연구소의 초대 소장을 맡아 연구소 건설과 CERN의 대형 강입자 충돌기(LHC) 전까지 세계 최대의 입자 가속기였던 테바트론 설계에서 주도적 역할을 맡았다. ☞ 159쪽

윌슨, 케네스(1936~2013년) 미국의 이론 물리학자. 상전이의 임계 현상 연구에 재규격화 군이라는 형식론을 제시했으며, 이 업적으로 1982년 노벨 물리학상을 받았다. 물리 교육과 유아 및 청소년 과학 교육 분야에도 관심을 보였으며 입자 물리학 연구에 컴퓨터를 처음으로 도입한 선구자다. ☞ 73, 76, 126,

175~176쪽

윌첵, 프랭크(1951년~) 미국의 이론 물리학자. 응집 물질 물리학, 천체 물리학 및 입자 물리학을 연구했으며 양자 색역학의 점근적 자유도를 스승인 데이비드 그로스와 같이 발견했다. 이 공로로 그는 데이비드 그로스, 데이비드 폴리처와 함께 2004년 노벨 물리학상을 받았다. 현재 매사추세츠 공과 대학교 물리학과 교수로 재직 중이다. ☞ 175쪽

이징, 에른스트(1900~1998년) 강자성체의 상전이를 수학적으로 기술할 수 있게 하는 이징 모형의 개발로 유명한 독일의 물리학자. 유태계 독일 과학자였던 그는 나치가 집권하자 1339년 룩셈부르크로 이주해 철도 노동자 생활을 했으며 1947년 미국으로 이민해 브래들리 대학교의 교수가 되었다. ☞ 66쪽

일로풀로스, 이오아니스(1940년~) 그리스 물리학자로 GIM 메커니즘을 셸던 글래쇼와 루차노 마이아니와 공동으로 도입했고 맵시 쿼크의 존재를 예견했다. 또한 초대칭 게이지 이론 발전에 공헌했다. 현재 파리 고등 사범 학교 이론 물리학 부문 명예 연구원으로 있다. ☞ 44쪽

자

자르디나, 이레네 ☞ 20쪽

쥐만치크, 쿠르트(1923~1983년) 양자장 이론을 연구한 독일의 물리학자. 점근적 자유도에 대한 첫 번째 모형을 제시했으며 이는 데이비드 그로스, 프랭크 윌첵, 데이비드 폴리처에 의해 양자 색역학에서 입증된다. ☞ 171~172쪽

차

체코, 마르첼로 데(1939~2016년) 이탈리아의 경제학자. 로마 사피엔차 대학

교, 피사 고등 사범 학교 등에서 경제학 교수로 재직했다. 통화, 금융 정책의 역사와 시장의 기원 및 기능 이론이 주된 연구 분야였으며 국제 통화 기금(IMF), 이탈리아 중앙 은행을 비롯한 여러 금융 기관과 협력했다. ☞ 21쪽

추, 제프리(1924~2019년) 미국의 이론 물리학자. 부트스트랩 철학의 창안자로 유명하다. 1957년부터 캘리포니아 주립 대학교 버클리 캠퍼스에서 물리학 교수로 재직했으며 제자로는 2004년 노벨 물리학상 수상자인 데이비드 그로스와 끈 이론의 창시자인 존 슈워츠가 있다. ☞ 50쪽

츠와이그, 조지(1937년~) 미국의 물리학자. 캘리포니아 공과 대학교에서 리처드 파인만을 사사했으며 머리 겔만과 독립적으로 CERN에서 쿼크의 존재를 제안했다. 1977년 노벨 물리학상 후보로 지명되었으나 수상에 실패한 후 그는 청각과 신경 생물학에 대한 연구로 관심을 돌렸다. 퀀트 헤지펀드인 르네상스 테크놀로지스에 참여하기도 했다. ☞ 52쪽

치니, 마르첼로(1923~2012년) 기본 입자, 양자 역학 및 확률론을 연구한 이탈리아의 물리학자, 환경 운동가. 주요 저서로 조반니 치코티, 미켈란젤로 데 마리아와 함께 쓴 『꿀벌과 건축가』가 있다. ☞ 155쪽

카

카다노프, 리오(1937~2015년) 통계 물리학, 혼돈 이론 및 응집 물질 물리학에 기여한 미국의 물리학자. 초기에는 상전이에서 물질의 조직화를 연구했으며 후기에는 시카고 대학교로 자리를 옮겨 기계 및 유체계에 혼돈 이론을 적용하는 일에 공헌했다. ☞ 71, 75쪽

카라돈나, 줄리오(1927~2009년) 신파시즘 성향의 정치 단체 이탈리아 사회운동(MSI) 소속으로 8차례에 걸쳐 국회 의원을 지낸 이탈리아의 정치인. 1968

년 3월 16일 로마 사피엔차 대학교를 습격한 200명의 MSI 및 국가 자원 봉사단 세력을 이끌었다. ☞ 38쪽

카레레, 클라우디오 ☞ 20쪽

카레리, 조르조(1922~2008년) 이탈리아의 물리학자. 1960년대부터 일찍이 물리학과 분자 생물학의 경계에 있는 문제에 관심을 가졌으며 1967년에는 사피엔차 대학교 물리학 연구소의 총장이 되었다. ☞ 38~39쪽

카미즈, 파올로(1938년~) 이탈리아의 물리학자, 예술가. 로마 사피엔차 대학교에서 이론 물리학 교수로 재직하며 핵물리학과 지각 체계 물리학을 연구했다. 또한 1960년대부터 폴크스튜디오에서 정기적으로 공연하며 사피엔자 대학교에서 '로마 가곡단', '물리학과 학생 합창단'을 창단하고 지휘했다. ☞ 39쪽

카반냐, 안드레아 ☞ 20, 22쪽

카비보, 니콜라(1935~2010년) 이탈리아의 물리학자. 약한 상호 작용 연구에 '카비보 각'을 도입한 것으로 유명하다. 그의 카비보 각 모형은 1973년 고바야시 마코토와 마스카와 도시히데가 확장했고, 이 업적으로 두 사람은 2008년 노벨 물리학상을 받았다. 1993년부터 교황에게 모든 과학적 문제에 대해 조언하는 임무를 맡은 교황청 과학 아카데미 회장을 지냈다. ☞ 20, 24, 40, 44~45, 49, 152쪽

카스텔라니, 톰마소 ☞ 122쪽

카프라, 프리초프(1939년~) 오스트리아 태생의 미국 물리학자, 생태학자. 유럽의 여러 대학교에서 물리학 교수로 재직하다가 미국에 정착해 스탠퍼드 대학교, 캘리포니아 주립 대학교 버클리 캠퍼스 연구소에서 입자 물리학 연구를 했다. 이후 국제적인 생태 문제 연구 조직인 엘름우드 연구소를 창설하고 '신과학 운동'을 주장했다. 주요 저서로 『현대 물리학과 동양 사상』, 『새로운 과학과

문명의 전환』, 『생명의 그물』 등이 있다. ☞ 51쪽

칼로제로, 프란체스코(1935년~) 핵 군축과 관련된 과학자들의 모임에서 활동한 이탈리아의 물리학자. 로마 사피엔차 대학교의 이론 물리학 교수로 있으면서 1989년부터 1997년까지 퍼그워시 회의의 사무총장을, 1997년부터 2002년까지는 의장을 역임했다. 퍼그워시 회의를 대표해 1995년 노벨 평화상을 수상했다. ☞ 40쪽

커크패트릭, 스콧 스핀 유리 이론에서 중요한 역할을 하는 셰링턴-커크패트릭 모형을 1975년 소개한 컴퓨터 과학자. 히브리 대학교의 공학 및 컴퓨터 과학부 교수로 재직 중이다. ☞ 90쪽

케틀레, 아돌프(1796~1874년) 천문학, 수학, 통계학, 사회학 분야에 업적을 남긴 벨기에의 과학자. 사회 과학에 통계학을 적용함으로써 근대 통계학의 아버지로 불린다. 1853년 국제 통계 기구(ISI)의 모체가 되는 국제 통계 회의를 창설했다. 체질량 지수(BMI)를 처음으로 제안한 사람으로도 알려져 있다. ☞ 112쪽

콘베르시, 마르첼로(1917~1988년) 이탈리아의 입자 물리학자. 로마 사피엔차 대학교에서 엔리코 페르미를 사사했다. 메소트론(mesotron, 훗날의 뮤 입자)이 예상과 달리 강한 상호 작용을 하지 않음을 입증한 1946년의 우주선(cosmic ray) 실험으로 유명하다.☞ 40쪽

콜먼, 시드니(1937~2007년) 미국의 이론 물리학자. 하버드 대학교 물리학과 교수였으며 대중에게 잘 알려져 있지 않지만 이론 물리학계에서 '물리학자의 물리학자'라 불리며 전설적인 강의로 명성을 떨쳤다. ☞ 168~169쪽

크리플로비치, 이오시프 벤시오노비치(1937년~) 러시아의 이론 물리학자. 데이비드 그로스, 프랭크 윌첵, 데이비드 폴리처가 강한 상호 작용을 설명하기

전인 1969년에 일찍이 점근적 자유도를 입증했다. 노보시비르스크 국립 대학교 이론 물리학 교수로 재직 중이다.☞ 169쪽

타

테스타, 마시모 ☞ 44쪽

텔레그디, 발렌틴(1922~2006년) 헝가리 태생의 미국 물리학자. 1956년 시카고 대학교 교수, 1972년 시카고 대학교 엔리코 페르미 물리학 석좌 교수가 되었다. 그러나 연구 자금 지원 축소에 반감을 품고 말년에는 대부분의 시간을 CERN에서 보냈다. 1981년부터는 정기적으로 캘리포니아 공과 대학교의 방문 과학자로 활동하면서 겔만, 파인만과 함께 연구했다. ☞ 52쪽

토리첼리, 에반젤리스타(1608~1647년) 이탈리아의 수학자, 물리학자. 갈릴레오 갈릴레이의 사망 1년 전 제자가 되어 그가 죽을 때까지 연구를 함께했다. 1644년 유속과 기압의 법칙을 적은 토리첼리의 정리를 발표했다. 수은으로 실험한 대기압 연구로도 유명하며 수은 기압계를 발명하기도 했다. 압력의 단위 토르(Torr)는 그의 이름을 따 명명되었다. ☞ 105~106쪽

툴루즈, 제라르(1939~2023년) 프랑스의 이론 물리학자. 응집 물질 물리학, 상전이 현상, 스핀 유리, 무질서계, 신경망 및 뇌 이론 등 다양한 분야를 연구했다. 이와 함께 유로사이언스(Euroscience) 협회의 창립 멤버이자 퍼그워시 회의 프랑스 지부 회원으로 과학 및 기술 윤리 운동에 오랫동안 헌신했다. ☞ 97쪽

파

파울리, 볼프강(1900~1958년) 배타 원리와 비상대론적 스핀 이론을 공식화해 양자 물리학의 선구자 중 한 명으로 평가받는 오스트리아의 이론 물리

학자. "새로운 자연 법칙, 배타 원리 또는 파울리 원리의 발견을 통한 결정적인 공헌"으로 1945년 노벨 물리학상을 받았다. 그가 베타 붕괴의 연속 스펙트럼을 설명하기 위해 제안한 중성미자는 1956년 프레더릭 라이너스(Frederick Reines)와 클라이드 코완(Clyde Cowan)에 의해 실험으로 확인되었다. ☞ 119, 141쪽

파이어아벤트, 파울(1924~1994년) 오스트리아의 철학자. 과학 철학과 방법론에 관련해 과학은 절대적으로 합리적이거나 객관적이지 않으며, 모든 상황에 적용되는 구체적인 과학적 방법은 존재하지 않기에 학문의 자유가 방법론보다 더 우선시되어야 한다는 주장을 펼쳤다. ☞ 140쪽

파인만, 리처드(1918~1988년) 양자 역학의 경로 적분 공식화, 양자 전기 역학 이론, 과냉각 액체 헬륨의 초유체 물리학, 그리고 쪽입자 모형을 제안한 연구로 유명한 미국의 이론 물리학자. 양자 전기 역학의 발전에 기여한 공로로 1965년 줄리언 슈윙거, 도모나가 신이치로(朝永振一郎)와 함께 노벨 물리학상을 받았다. 제2차 세계 대전 중 원자 폭탄 개발을 도왔고, 1980년대 챌린저 우주 왕복선 폭발 사고를 조사한 로저스 위원회의 일원으로 활동하며 20세기 가장 유명한 물리학자 중 한 사람으로 손꼽히고 있다. ☞ 151, 168쪽

패러데이, 마이클(1791~1887년) 전자기학과 전기 화학 분야에 큰 기여를 한 영국의 물리학자, 화학자. 벤젠 발견 등 실험 화학 역사에 뛰어난 연구를 했고, 전자기학 분야에서 여러 가지 전기의 동일성을 간파, 보편성을 가진 통일 개념으로서의 전기를 제창했다. ☞ 149쪽

페라라, 세르조(1945년~) 이탈리아의 물리학자. 입자 이론 물리학과 수리 물리학이 주된 연구 분야로 아인슈타인 일반 상대성 이론의 첫 번째 중요한 확장인 초중력을 발견한 것으로 유명하다. CERN의 명예 직원이자 캘리포니아 주

립 대학교 로스앤젤레스 캠퍼스 명예 교수다. ☞ 42쪽

페르마, 피에르 드(1607~1665년) 프랑스의 수학자. 미적분학에서 이용되는 여러 방법을 창안하는 등 많은 연구 성과를 남겼다. 또한 좌표 기하학의 확립에 크게 이바지했으며, 데카르트 좌표를 도입했다. 원래 직업이 변호사여서 연구 결과를 출판하는 것에 연연하지 않았던 그가 여백이 없어 적지 않았다고 하는 '페르마의 마지막 정리'는 300년에 걸친 노력 끝에 1994년 영국 수학자 앤드루 와일스(Andrew Wiles)가 증명하게 된다. ☞ 153쪽

페르미, 엔리코(1901~1954년) 양자론, 핵물리학, 입자 물리학, 통계 역학의 발전에 큰 기여를 한 이탈리아계 미국인 물리학자. 이론과 실험 양면에서 모두 뛰어난 성취를 거둔 물리학자 중 하나로 손꼽히며, 인류 최초의 원자력 반응로인 시카고 파일 1호를 개발해 '원자 폭탄의 설계자'라는 이명을 갖고 있다. "중성자 충격을 통한 유도 방사능 연구 및 초우라늄 원소의 발견 공로"로 1938년 노벨 물리학상을 받았다. ☞ 49, 109~110, 141쪽

페르시코, 엔리코(1900~1969년) 이탈리아에 양자 역학을 전파한 것으로 유명한 물리학자. 로마 사피엔차 대학교를 졸업하고 피렌체 대학교, 토리노 대학교에서 교수로 재직했다. 1951년에는 사피엔차 대학교로 돌아와 이론적, 실험적 측면 모두에서 후학 양성에 힘을 쏟았다. 엔리코 페르미와 고등학교 시절 만나 죽을 때까지 우정을 유지했다. ☞ 41쪽

펠리티, 루카 ☞ 146~147쪽

펠트만, 마르티뉘스(1931~2021년) 네덜란드의 물리학자. 약한 상호 작용 연구에 대한 공로로 제자였던 헤라르뒤스 엇호프트와 함께 1999년 노벨 물리학상을 받았다. 1963년 스탠퍼드 선형 가속기 연구소(SLAC)에 머무는 동안 그가 설계한 컴퓨터 프로그램 스쿤십(Schoonschip)은 세계 최초의 컴퓨터 대수

학 시스템(CAS)으로 여겨지고 있다. 소행성 9492 펠트만은 그의 이름을 따서 명명되었다. ☞ 163, 171~172쪽

폰테코르보, 부르노(1913~1993년) 이탈리아의 물리학자. 엔리코 페르미의 제자였으며 1940년 미국으로 망명해 중성미자 연구를 했다. 1950년 (구)소련으로 이주한 후에는 학계에서 주목받지 못했지만, 그가 예측했던 중성미자 검출법은 이후 많은 노벨 물리학상 수상자들에 의해 사실이었음이 판명되었다. ☞ 110쪽

폴리처, 데이비드(1949년~) 양자 색역학의 점근적 자유도를 발견한 공로로 2004년 노벨 물리학상을 공동 수상한 미국의 이론 물리학자. 쿼크가 서로 가까울수록 그들 사이의 강한 상호 작용이 약해질 것이라는 점근적 자유도 현상을 설명한 논문을 프린스턴 대학교의 데이비드 그로스, 프랭크 윌첵과는 독립적으로 1973년 출간했으며, 양자 색역학의 발전에 중대한 영향을 끼쳤다. ☞ 175쪽

푸앵카레, 앙리(1854~1912년) 수학의 많은 부분에 업적을 남긴 프랑스의 수학자. 그의 작업은 아인슈타인의 특수 상대성 이론에 기여했다. 당시 스웨덴의 왕 오스카르 2세(Oscar II)가 상을 건 태양계의 안정성 문제에 도전한 것을 계기로 3체 문제를 연구해 카오스 이론에 업적을 남겼다. 또한 중력파를 제안했고 양자 역학에서 양자화를 정의했다. 과학 철학에도 기여했다. ☞ 112, 131, 138, 145쪽

프란츠, 실비오 ☞ 146쪽

프랭클린, 벤저민(1706~1790년) 미국 건국의 아버지 중 한 사람으로 평가받는 미국의 정치가, 사상가, 과학자. 교육 문화에도 뜻을 두어 회원제 도서관과 병원을 만들고, 펜실베이니아 대학교의 전신인 필라델피아 아카데미 창설,

미국 철학회 창립 등 폭넓은 활동을 했다. 미국 독립 선언서(1776년), 프랑스와 동맹 조약(1778년), 영국과 평화 조약(1782년), 미국 헌법(1787년)에 모두 서명한 유일무이한 인물이라는 기록을 가지고 있다. ☞ 154쪽

프로체시, 클라우디오(1941년~) 대수학과 표현론 분야의 연구로 유명한 이탈리아의 수학자. 1975년부터 로마 사피엔차 대학교에서 정교수로 재직 중이다. 1981년 린체이 아카데미 메달을 수상했으며 2007년부터 3년 동안 국제 수학 연맹(IMU) 부회장을 역임했다. ☞ 110쪽

프리치, 하랄트(1943~2022년) 쿼크 이론, 양자 색역학의 발전 및 입자 물리학 표준 모형 통합에 기여한 독일의 이론 물리학자. 1963년 라이프치히에서 물리학을 공부했고, 이후 서독으로 망명해 뮌헨에서 박사 학위를 받았다. 1971년 겔만과 CREN에서 함께 일하면서 강한 상호 작용에 대한 게이지 이론인 양자 색역학을 제안했다. ☞ 173쪽

플라톤(기원전 427~347년) 고대 그리스의 철학자. 소크라테스의 제자이자 아리스토텔레스의 스승으로 서양 철학에 지대한 영향을 끼쳤으며 철학 중심의 종합 학교인 아카데미아를 세웠다. 소크라테스의 사상과 철학이 담긴 글을 저술하며 그 안에 자신의 철학도 담았다. 『파이돈』, 『크리톤』, 『향연』, 『국가』, 『프로타고라스』 등 35편의 저서를 남겼다. ☞ 15, 71쪽

플랑크, 막스(1858~1947년) 독일의 이론 물리학자. "양자 가설을 도입한 공로"로 1918년 노벨 물리학상을 받았다. 카이저 빌헬름 과학 진흥 협회는 1948년 막스 플랑크 과학 진흥 협회로 재건되어 플랑크의 이름을 후대에 전하고 있다. ☞ 32, 141~142쪽

하

하이젠베르크, 베르너(1901~1976년) 양자 역학의 아버지로 평가받는 독일의 이론 물리학자. 불확정성 원리를 제창해 양자 역학에 대한 해석을 확립했고 1932년 양자 역학 개발에 대한 공로를 인정받아 노벨 물리학상을 받았다. 1933년에는 독일 물리학자로는 최고의 명예인 막스 플랑크 메달을 받았다. ☞ 141쪽

헤겔, 게오르크(1770~1831년) 독일 관념론을 완성한 것으로 평가받는 프로이센의 철학자. 칸트의 이념과 현실의 이원론을 극복해 일원화하고, 정신이 변증법적 과정을 경유해서 자연, 역사, 사회, 국가 등의 현실이 되어 자기 발전해 가는 체계를 종합 정리했다. 주요 저서로 『정신현상학』, 『대논리학』, 『법철학 강요』, 『미학 강의』, 『역사 철학 강의』 등이 있다. ☞ 51쪽

히파티아(350~370년) 고대 이집트 알렉산드리아에서 활동한 그리스계 여성 철학자, 수학자. 기독교 신앙인들은 히파티아의 신플라톤주의 철학을 사교(邪敎)로 여겼고, 서기 412년 알렉산드리아의 키릴루스의 지시를 받은 광신도들이 강의하러 가는 그녀를 살해했다고 한다. ☞ 158쪽

용어 및 문헌 찾아보기

나

다

라

마

바

사

아

자

차

카

옮긴이 김현주

한국 외국어 대학교 이태리어과를 졸업하고, 이탈리아 페루자 국립 대학교와 피렌체 국립 대학교 언어 과정을 마쳤다. EBS의 프로그램 「일요시네마」 및 「세계의 명화」를 번역하고 있으며, 현재 번역 에이전시 엔터스코리아에서 출판 기획 및 전문 번역가로 활동하고 있다.

감수 김범준

성균관 대학교 물리학과 교수. 서울 대학교 물리학과에서 「초전도 배열에 대한 이론 연구」로 박사 학위를 받았다. 복잡계의 거시적인 특성을 주로 연구한다. 특히 사회에서 일어나는 여러 현상을 과학의 시선으로 이해하는 연구에 관심이 많다. '변화를 꿈꾸는 과학 기술인 네트워크(ESC)'의 3기 대표와 한국 물리학회 대중화 위원회 위원장을 역임했다. 『세상물정의 물리학』, 『관계의 과학』, 『내가 누구인지 뉴턴에게 물었다』, 『보이지 않아도 존재하고 있습니다』 등을 저술했다.

무질서와 질서 사이에서

1판 1쇄 펴냄 2023년 11월 15일
1판 2쇄 펴냄 2024년 6월 30일

지은이 조르조 파리시
옮긴이 김현주
펴낸이 박상준
펴낸곳 (주)사이언스북스

출판등록 1997.3.24(제 16-1444호)
(06027) 서울시 강남구 도산대로 1길 62
대표전화 515-2000, 팩시밀리 515-2007
편집부 517-4263, 팩시밀리 514-2329
www.sciencebooks.co.kr

ISBN 979-11-92908-15-1 03420